中等职业学校教学用书（计算机应用专业）

Visual Basic 语言程序设计上机指导与练习

（第 5 版）

周伦钢　齐　佳　孙海龙　主　编

杨恺岭　鲍洪艳　刁其恩　李振华　副主编

赵晨阳　主　审

U0397983

电子工业出版社

Publishing House of Electronics Industry

北京·BEIJING

内 容 简 介

本书是全国中等职业学校教学用书《Visual Basic 语言程序设计基础（第 5 版）》的配套上机指导练习。全书共 16 章，并给出了对应教材各章节的练习题及参考答案，同时针对各章节中的重点和难点知识设计了相应的上机实验。

全书内容简明易懂、注重实用性，除可供中等职业学校计算机专业作为上机配套教材外，还可以作为培训班的 Visual Basic 上机实验指导书。

图书在版编目（CIP）数据

Visual Basic 语言程序设计上机指导与练习 / 周伦钢，齐佳，孙海龙主编. —5 版. —北京：电子工业出版社，2021.5

ISBN 978-7-121-41218-9

Ⅰ.①V… Ⅱ.①周… ②齐… ③孙… Ⅲ.①BASIC 语言—程序设计—中等专业学校—教学参考资料
Ⅳ.①TP312.8

中国版本图书馆 CIP 数据核字（2021）第 090105 号

责任编辑：潘　娅　　文字编辑：张　广
印　　　刷：三河市良远印务有限公司
装　　　订：三河市良远印务有限公司
出版发行：电子工业出版社
　　　　　北京市海淀区万寿路 173 信箱　邮编 100036
开　　本：787×1092　1/16　印张：9　字数：230.4 千字
版　　次：2000 年 9 月第 1 版
　　　　　2021 年 5 月第 5 版
印　　次：2023 年 9 月第 4 次印刷
定　　价：25.00 元

凡所购买电子工业出版社图书有缺损问题，请向购买书店调换。若书店售缺，请与本社发行部联系，联系及邮购电话：（010）88254888，88258888。

质量投诉请发邮件至 zlts@phei.com.cn，盗版侵权举报请发邮件至 dbqq@phei.com.cn。

本书咨询联系方式：（010）88254617，luomn@phei.com.cn。

前　言

　　结合多年来从事计算机教学工作的经验和体会，根据对第 4 版的教学反馈和读者意见我们编写了《Visual Basic 语言程序设计基础（第 5 版）》，并结合该教材编写了这本上机指导与练习。

　　作为上机指导与练习，本书给出了《Visual Basic 语言程序设计基础（第 5 版）》各章节的练习题及参考答案，并针对各章节中的重点和难点知识设计了相应的上机实验，以便使学生加深对所学知识的理解和掌握。由于本书主要面向中等职业学校广大学生，所以在内容编排上注重避繁就简、循序渐进、详略得当、难度适中；在说明方法上尽量做到简单明了、通俗易懂；为了适用于教学，书中精选的实验力求突出代表性、典型性和实用性，既有利于初学者尽快掌握必备的知识，又有利于初学者今后进一步的提高。本书也可作为培训班的上机教材和实验指导书。

　　本书由周伦钢、齐佳、孙海龙担任主编，杨恺岭、鲍洪艳、刁其恩、李振华担任副主编；由赵晨阳主审。参与编写的还有王龙、翟利利、张文涛。

　　很多读者为本书的编写工作提出了反馈意见，在此对本书广大的支持者表示衷心的感谢。

　　由于编者水平有限，书中难免会有欠妥之处，恳请广大读者提出宝贵的意见。

编　者

目 录

第1章
Visual Basic 概述

 实验1 Visual Basic 的安装

实验目标

通过实验熟悉 Visual Basic 的安装过程及其删除方法。

实验内容

（1）以典型方式安装 Visual Basic，再将其删除。

（2）以自定义方式安装 Visual Basic。

实验分析

通过对实训内容进行认真分析，并结合 Visual Basic 软件的功能及操作，我们可以将实验内容分解如下。

首先检查硬盘空间是否满足安装需要、内存是否满足需要，然后以典型方式安装 Visual Basic，接着删除已经安装的 Visual Basic 程序，最后以自定义方式安装 Visual Basic。

示范操作

1. 检查硬盘空间是否满足安装需要

（1）双击 Windows 桌面上的"我的电脑"图标。

（2）在"C："图标上右击，系统将弹出一个快捷菜单。

（3）在菜单上选择"属性"选项，系统将显示如图 1.1 所示的对话框，其中明确显示了 C 盘的容量及其使用情况。图1.1 所示的 C 盘容量为10GB，其中已用空间为5.85GB，还有 4.15GB 可用空间，硬盘空间满足安装需要。

2. 检查内存是否满足需要

（1）在 Windows 桌面上的"我的电脑"图标处右击，系统将弹出一个快捷菜单。

（2）在菜单上选择"属性"选项，系统将显示如图 1.2 所示的对话框，其中明确显示了系统的配置信息。图 1.2 所示系统的内存大小为 120MB，满足需要。

3. 以典型方式安装 Visual Basic

（1）把 Visual Basic 安装程序光盘放入光驱中，安装程序将自动启动。

（2）单击"下一步"按钮，出现"最终用户许可协议"对话框。

（3）选择"接受协议"选项，单击"下一步"按钮。

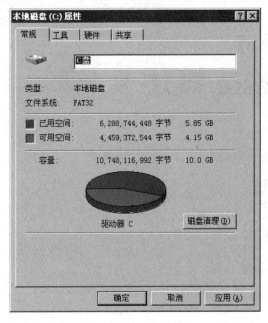

图 1.1　检查 C 盘空间　　　　　　　　　　图 1.2　检查内存大小

（4）按照提示输入产品序列号、姓名及公司名称，单击"确定"按钮。进入服务器安装与工作站安装选项界面，选择"安装 Visual Basic 6.0 中文企业版（I）"选项。

（5）确认 Visual Basic 应用程序之间公用文件的位置，使用其默认值，即"C:\Program Files\Microsoft Visual Studio\common"。

（6）单击"确定"按钮后，显示微软公司 Visual Basic 软件使用协议，再单击"继续"按钮即可。

（7）选择典型安装方式，并使用默认安装目录"C:\Program Files\Microsoft Visual Studio\VB98"。

（8）文件复制完毕后，单击"重新启动 Windows（R）"按钮，完成安装过程。

（9）Windows 重新启动后，系统显示"安装 MSDN"对话框。若不再安装 MSDN，取消"安装 MSDN（I）"前面的"✔"。

（10）在服务器安装界面，若不安装服务器程序，直接单击"下一步"按钮。

（11）单击"完成（F）"按钮，完成 Visual Basic 安装过程。

4．删除已经安装的 Visual Basic 程序

进入 Visual Basic 安装程序后，系统首先提示："添加／删除""重新安装""全部删除"。选择"全部删除"选项，系统开始启动删除程序，并删除全部与 Visual Basic 有关的程序、控件和动态连接库。

5．以自定义方式安装 Visual Basic

以自定义方式安装 Visual Basic 与以最小方式安装 Visual Basic 基本类似，只是进入选择安装方式界面后，要选择自定义方式。定义需要安装的项目，然后进入后面的安装步骤。

实验 2 Visual Basic 的启动

实验目标

通过实验熟悉 Visual Basic 的启动方法和启动过程。

实验内容

启动 Visual Basic，并分别进入"标准 EXE"编程状态和"ActiveX EXE"编程状态。

实验分析

通过对实训内容认真分析，并结合 Visual Basic 软件的功能及操作，我们可以将实验内容分解如下。

首先从"开始"菜单选择相应的选项，打开"新建工程"对话框，然后在"新建工程"对话框中选择要开发的应用程序的类型，单击"打开"按钮，启动 Visual Basic。

示范操作

（1）单击"开始"按钮。

（2）选择"程序"菜单中的 Microsoft Visual Basic 程序组，然后选择 Microsoft Visual Basic 选项，屏幕将显示"新建工程"对话框。

（3）在"新建工程"对话框中的"新建"标签中选择要开发的应用程序的类型为"标准 EXE"，可以新建一个标准的可执行文件；选择"ActiveX EXE"，可以新建一个 ActiveX 可执行文件。

（4）单击"打开"按钮，即可启动 Visual Basic，并新建一个制定类型的文件。

第 2 章
Visual Basic 的开发环境

实验 1　根据需要设置开发环境

实验目标

通过实验熟悉 Visual Basic 的开发环境及其定制方法。

实验内容

（1）定制 Visual Basic 的开发环境，将开发环境调整为如图 2.1 所示的样式。

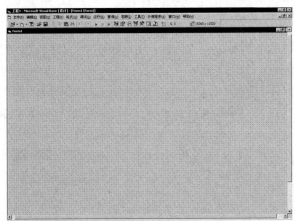

图 2.1　只有窗体（Form）的开发环境

（2）定制 Visual Basic 的开发环境，将开发环境调整为如图 2.2 所示的样式。

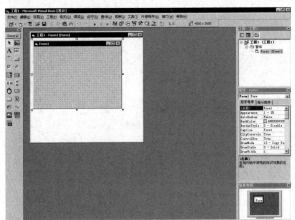

图 2.2　典型的开发环境

（3）在"工程 1"窗口中增加两个窗体：Form1、Form2。

（4）在"工程 1"窗口中增加一个标准模块：Module1。

（5）在"工程 1"窗口中增加一个类模块：Class1。

（6）在"工程 1"窗口中增加一个用户控件模块：UserControl1。

实验说明

本实验通过定制 Visual Basic 的开发环境，让学生熟悉 Visual Basic 开发环境的定制方法。

实验分析

通过对实训内容进行认真分析，并结合 Visual Basic 软件的功能及操作，我们可以将实验内容分解如下。

首先分别定制两种开发环境，然后分别在"工程"中增加两个窗体、一个标准模块、一个类模块和一个用户控件模块。

示范操作

1．定制第一个开发环境

（1）单击"工程窗口""属性窗口""窗体布局窗口"及"工具箱窗口"右上角的关闭按钮，将其全部关闭。

（2）单击"Form 窗口"的最大化按钮　，将"Form 窗口"放到最大。

（3）选择"工具"菜单中的"选项"选项，系统弹出如图 2.3 所示的"选项"对话框。

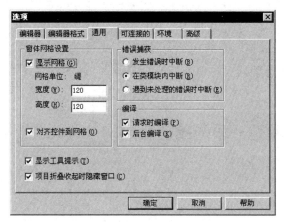

图 2.3　定制开发环境的"选项"对话框

（4）选择"通用"标签，在"窗体网格设置"选项中选择"显示网格"，并设置"宽度""高度"均为 120。

2．定制第二个开发环境

（1）选择"视图"菜单中的"工程资源管理器"选项，显示"工程资源管理器"窗口。

（2）选择"视图"菜单中的"属性窗口"选项，显示"属性"窗口。

（3）选择"视图"菜单中的"窗体布局窗口"选项，显示"窗体布局"窗口。

（4）选择"视图"菜单中的"工具箱"选项，显示"工具箱"窗口。

（5）将"工程资源管理器"、"属性"、"窗体布局"、"工具箱" 4 个窗口用鼠标拖动到合适的位置。

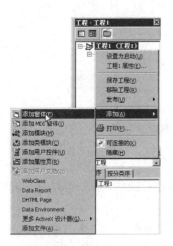

图 2.4 增加窗体

3．增加窗体

选择"工程"菜单中的"添加窗体"选项，或者在"工程资源管理器"窗口中的"工程"图标上右击，系统将弹出一个快捷菜单。选择"添加"选项中的"添加窗体"选项，如图 2.4 所示。将在 Form1 的基础上增加一个窗体 Form2。

4．增加标准模块

选择"工程"菜单中的"添加模块"选项，或者在"工程资源管理器"窗口中的"工程"图标上右击，系统弹出一个菜单，选择"添加"选项中的"添加模块"选项，将在工程 1 中增加一个标准模块，其名称为"Module1"。

5．增加类模块

选择"工程"菜单中的"添加类模块"选项，或者在"工程资源管理器"中的"工程"图标上右击，系统弹出一个菜单，选择"添加"选项中的"添加类模块"选项，将在"工程 1"中增加一个类模块，其名称为"Class1"。

6．增加用户控件模块

（1）在"工程资源管理器"窗口中的"工程"图标上右击，系统弹出一个菜单。

（2）选择"添加"选项中的"添加用户控件"选项，将会在工程 1 中增加一个用户控件模块，其名称为"UserControl1"。

此时的"工程资源管理器"窗口包括两个窗体、一个标准模块、一个类模块和一个用户控件模块，如图 2.5 所示。

图 2.5 "工程资源管理器"窗口

 实验2 建立一个简单的程序

实验目标

通过实验进一步熟悉 Visual Basic 开发环境，学习编写程序的全过程。

实验内容

练习编写一个简单的名人名言显示程序，运行界面如图 2.6 所示。

图 2.6 简单的名人名言显示程序运行界面

实验说明

（1）程序运行时通过单击相应的命令按钮，可以显示不同的名言；单击"退出"按钮，可以结束并退出程序。

（2）窗体（Form）。窗体用于可视化地建立应用程序，是 Visual Basic 中应用程序的基本框架模块，是运行程序时与用户交互的实际操作窗口。

窗体最常用的是 Caption 属性，Caption 属性的值就是该窗体的标题栏中显示的值。Caption 属性的值可以在程序运行时由用户输入，也可以由程序设定。设置 Caption 属性的方法是：Form1.Caption=值。

（3）标签（Label）控件。标签控件可以显示用户不能直接改变的文本。例如，在本实验中，用它来显示相应的名言。标签控件的最常用的属性是 Caption 属性。Caption 属性的值就是该控件中显示的值。Caption 属性的值只能在设计时设置或在运行时由程序设置，不能由用户输入。程序运行时设置 Caption 属性的方法是：Label1.Caption=值。

（4）命令按钮（Command Button）控件。单击命令按钮后可以使程序完成一定的功能，Command Button 控件是 Visual Basic 中使用较多的一个控件。在本实验中，单击一个命令按钮可进行相应的运算。

命令按钮控件最常用的是 Caption 属性。Caption 属性的值就是该控件中显示的值。Caption 属性的值只能在设计时设置或在运行时由程序设置，不能由用户输入。

命令按钮控件最常用的是 Click 事件，表示单击该控件时要运行的事件处理程序。

（5）简单的名人名言显示程序的设计界面如图 2.7 所示。

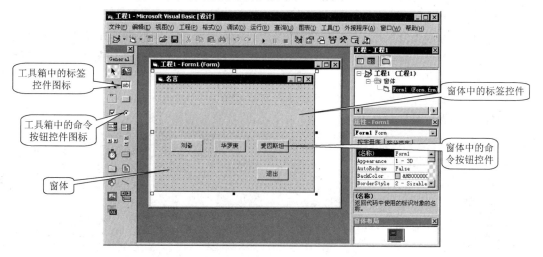

图 2.7　简单的名人名言显示程序的设计界面

实验分析

通过对实训内容进行认真分析，并结合 Visual Basic 软件的功能及操作，我们可以将实验内容分解如下。

首先启动 Visual Basic，并建立一个用户窗体；然后向窗体中加载控件，并设置窗体及控件的属性；接着编写代码程序，并对程序进行调试和运行；最后将程序编译成可执行文件。

示范操作

1．建立窗体

按照实验 2 的方法启动 Visual Basic，并选择"标准 EXE"选项，进入 Visual Basic 编程环境。此时 Visual Basic 已经自动建立一个用户窗体 Form1，在这个窗体中进行设计和编程。

2．向窗体中加载控件

向窗体中加载控件的操作步骤如下。

（1）在"工具箱"中单击需要在窗体中加载的控件图标，此时鼠标将变成"+"。

（2）将"+"鼠标移动到窗体 Form1 中适当的位置。

（3）按住鼠标左键，并拖动鼠标，此时，窗体 Form1 中相应的位置显示出一个表示控件大小的虚框。当虚框的大小合适时，松开鼠标左键，这样就在窗体 Form1 中增加了一个控件。

按照以上步骤在窗体 Form1 中加载以下控件。

用于显示名言内容的标签控件 Label1。

用于选择"刘备"的命令按钮控件 Command1。

用于选择"华罗庚"的命令按钮控件 Command2。

用于选择"爱因斯坦"的命令按钮控件 Command3。

用于退出程序的"退出"命令按钮控件 Command4。

3．设置窗体及控件的属性

设置控件属性的操作步骤如下。

（1）选择"视图"菜单中的"属性窗口"选项或按下"F4"键显示"属性窗口"。

（2）在窗体中单击需要设置属性的窗体或控件，"属性窗口"将自动显示该窗体或控件的属性。

（3）找到需要设置的属性，并将其设置为需要的值。

按照以上步骤，设置窗体及步骤（2）中添加的各控件的属性如下：

```
Form1 的 Caption 属性为"名言"
Label1 的 Caption 属性为""
Command1 的 Caption 属性为"刘备"
Command2 的 Caption 属性为"华罗庚"
Command3 的 Caption 属性为"爱因斯坦"
Command4 的 Caption 属性为"退出"
```

4．编写代码程序

双击一个控件，可以调出代码编辑窗口，为相应的控件编写程序代码。

5．调试和运行程序

任何一个程序设计完成后，如果没有经过很好的调试，都难免会出现错误。在 Visual Basic 中调试应用程序主要有以下三种方法。

（1）单步运行：选择"调试"菜单中的"逐语句"选项，或按下"F8"键，可以使程序向下运行一步。

（2）逐过程运行：选择"调试"菜单中的"逐过程"选项，或按下"Shift+F8"组合键，可以运行一个过程。

（3）设置断点：将光标移到程序中需要设置断点的位置，选择"调试"菜单中的"切换断点"选项，或按下"F9"键，或直接在"代码编辑器"窗口中某语句前面的空白区域单击，都可以设置或取消一个程序运行中的断点。当程序运行到设置的"断点"时，会自动中断运行，此时可以检测有关变量的值。

6. 编译程序

程序编写完成后，为了使它可以脱离开 Visual Basic 运行，我们需要把它编译成 EXE 文件。将程序编译成 EXE 文件的方法是在 Visual Basic 开发环境中选择"文件"菜单中的"生成工程 1.EXE"选项。这样就可以生成一个名称为"工程 1.EXE"的可执行文件，以后不进入 Visual Basic 环境也可以运行这个程序。至此，一个应用程序就设计完成了。

【程序代码】

```
Private Sub Command1_Click()
    '如果单击"刘备"按钮，则将刘备的名言赋值给 Label1 的 Caption 属性，
    '以在窗口中显示出来
    Label1.Caption = "勿以恶小而为之，勿以善小而不为"
End Sub


Private Sub Command2_Click()
    '如果单击"华罗庚"按钮，则将华罗庚的名言赋值给 Label2 的 Caption 属性，
    '以在窗口中显示出来
    Label2.Caption = "聪明出于勤奋，天才在于积累"
End Sub


Private Sub Command3_Click()
    '如果单击"爱因斯坦"按钮，将爱因斯坦的名言赋值给 Label3 的 Caption 属性，
    '以在窗口中显示出来
    Label3.Caption = "成功 = 艰苦劳动 + 正确方法 + 少说空话"
End Sub


Private Sub Command4_Click()
    '如果单击"退出"按钮，则结束并退出程序
    End
End Sub
```

第 3 章
Visual Basic 编程基础

 实验 1　窗体模块

实验目标

通过实验建立窗体模块，熟悉窗体中的"通用过程"和"事件处理过程"的区别。

实验内容

分别利用窗体中的"通用过程"和"事件处理过程"编写一个计算直角三角形边长的程序。输入两个直角边的值，单击"计算"按钮，自动计算出斜边的值。程序运行后的界面如图 3.1 所示。

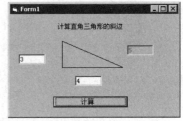

实验说明

1. 线形控件

线形控件可以在窗体中显示一条直线，在本实验中，用三个线形控件构成了一个直角三角形。线形控件的外观如图 3.2 所示。

图 3.1　计算直角三角形的斜边边长

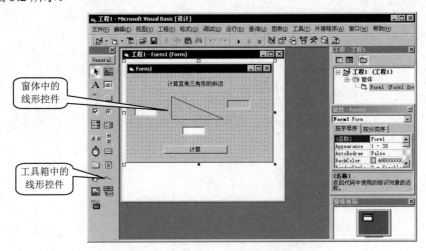

图 3.2　线形控件的外观

2. 开平方函数的使用

直角三角形三条边之间的关系是：$A^2+B^2=C^2$。已知 A、B 两条边的值，求斜边 C 的值，需要用到开平方函数。开平方函数的使用方法为：Sqr（number as double），并以双精度数格式返回一个双精度数的平方根值。例如，Sqr(25)=5。

实验分析

通过对实训内容进行认真分析，并结合 Visual Basic 软件的功能及操作，我们可以将实验内容分解如下。

首先启动 Visual Basic，并建立用户窗体；然后加载用于显示标题"计算直角三角形的斜边"的标签控件，并设置其属性；接着分别加载用于显示直角三角形各条边长度值的文本框控件，并设置其属性；之后加载用于显示"计算"的命令按钮，并设置其属性；再利用线形控件绘制一个直角三角形；最后编写代码程序。

示范操作

1. 建立窗体

（1）启动 Visual Basic，选择"标准 EXE"选项，进入 Visual Basic 编程环境。此时 Visual Basic 已经自动建立了一个用户窗体 Form1。

（2）用鼠标拖动窗体边角，将窗体调整到合适的大小。

2. 加载用于显示标题"计算直角三角形的斜边"的标签控件

（1）加载用于显示标题"计算直角三角形的斜边"的标签控件 Label1。

（2）通过属性窗口设置其 Caption 属性为"计算直角三角形的斜边"。

3. 加载用于显示第一条直角边的文本框控件

（1）加载用于显示第一条直角边的文本框控件 Text1。

（2）通过属性窗口设置其属性如下：

```
Text 属性为""
Name 属性为"A"
```

4. 加载用于显示第二条直角边的文本框控件

（1）加载用于显示第二条直角边的输入框的文本框控件 Text2。

（2）通过属性窗口设置其属性如下：

```
Text 属性为""
Name 属性为"B"
```

5. 加载用于显示计算出的斜边的值的文本框控件

（1）加载用于显示计算出的斜边的值的文本框控件 Text3。

（2）通过属性窗口设置其属性如下：

```
Text 属性为""
Name 属性为"C"
Backcolor 属性为"灰色"
Enable 属性为"False"
```

6. 加载用于显示"计算"的命令按钮

（1）加载用于显示"计算"的命令按钮 Command1。

（2）通过属性窗口设置其 Caption 属性为"计算"。

7．利用线形控件在 Form1 中绘制出一个直角三角形，以突出程序的直观性

8．编写代码程序

 程序代码

为了突出窗体中的"事件处理过程"和"通用过程"的区别，分别按照"事件处理过程"和"通用过程"两种方法来完成这一实验。

1．利用事件处理过程完成实验

```
Private Sub Command1_Click()
    '如果单击"计算"按钮，则计算三角形斜边的值
    C = Sqr(A * A + B * B)
End Sub
```

2．利用通用过程完成实验

```
Private Sub js()
    '计算三角形斜边值的通用过程
    C = Sqr(A * A + B * B)
End Sub
Private Sub Command1_Click()
    '如果单击"计算"按钮，调用通用过程 js，则计算三角形斜边的值
    js
End Sub
```

实验2 标准模块

 实验目标

通过实验建立一个标准模块，熟悉调用标准模块的方法，比较标准模块与窗体模块的异同。

 实验内容

编写一个 100 以内可以自动出题的加法练习程序。程序运行界面如图 3.3 所示。

图 3.3　100 以内加法练习程序运行界面

 实验说明

本实验利用 Int()函数和 Rnd()函数相结合，产生 100 以内的随机整数。

Int()函数为取整函数，其用法为：Int(number)，例如，Int(1.5)=1。

Rnd()函数为随机函数，可以产生一个 0～1 的随机数字。由于 Rnd()的结果范围在 0～1，

所以如果想产生一个 0~100 的随机数，应将其结果乘以 100，即 Rnd()*100，为了取得一个 100 以内的随机整数，需要利用 Int()函数为其取整，即 Int(Rnd()*100)。

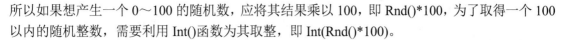 **实验分析**

通过对实训内容进行认真分析，并结合 Visual Basic 软件的功能及操作，我们可以将实验内容分解如下。

首先建立一个窗体；然后分别加载用于显示加法运算的第一个运算数、第二个运算数、"+" "=" "100 以内加法练习程序" 的标签控件，并设置其属性；接着加载用于输入答案的文本框控件，并设置其属性；之后加载用于出题的命令按钮控件，并设置其属性；最后编写代码程序。

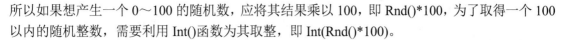 **示范操作**

1．建立窗体

（1）建立一个窗体 Form1。

（2）将窗体调整到合适的大小。

2．加载用于显示加法运算的第一个运算数的标签控件

（1）加载用于显示加法运算的第一个运算数的标签控件 Label1。

（2）通过属性窗口设置其 Caption 属性为 " "。

3．加载用于显示加法运算的第二个运算数的标签控件

（1）加载用于显示加法运算的第二个运算数的标签控件 Label2。

（2）通过属性窗口设置其 Caption 属性为 " "。

4．加载用于显示 "+" 的标签控件

（1）加载用于显示 "+" 的标签控件 Label3。

（2）通过属性窗口设置其 Caption 属性为 "+"。

5．加载用于显示 "=" 的标签控件

（1）加载用于显示 "=" 的标签控件 Label4。

（2）通过属性窗口设置其 Caption 属性为 "="。

6．加载用于显示 "100 以内加法练习程序" 的标签控件

（1）加载用于显示 "加法运算程序" 的标签控件 Label5。

（2）通过属性窗口设置其 Caption 属性为 "100 以内加法练习程序"。

7．加载用于输入答案的文本框控件

（1）加载用于输入答案的文本框控件 Text1。

（2）通过属性窗口设置其 Text 属性为 " "。

8．加载用于出题的命令按钮控件

（1）加载用于出题的命令按钮控件 Command1。

（2）通过属性窗口设置其 Caption 属性为 "出题"。

9. 编写代码程序

 程序代码

在本实验中，为了突出窗体模块与标准模块的区别，我们分别使用窗体模块与标准模块两种方法来完成这一实验。

1. 利用窗体模块完成实验

```
public a,b,c
'定义全局变量a, b, c
Private Sub Command1_Click()
    '如果单击"出题"按钮，则产生100以内的随机整数a和b
    a = Int(Rnd() * 100)
    b = Int(Rnd() * 100)
    '清空答案
    Text1.Text = ""
    '显示第一个随机整数
    Label1.Caption = a
    '显示第二个随机整数
    Label2.Caption = b
End Sub
```

2. 利用标准模块完成实验

```
Public a, b, c
'定义全局变量a, b, c
Public Sub ct()
    '标准模块"出题"，首先产生100以内随机整数a和b
    a = Int(Rnd() * 100)
    b = Int(Rnd() * 100)
End Sub

Private Sub Command1_Click()
    '如果单击"出题"按钮，则调用"出题"标准模块，产生两个100以内随机整数
    Call ct
    '清空答案
    Text1.Text = ""
    '显示第一个随机整数
    Label1.Caption = a
    '显示第二个随机整数
    Label2.Caption = b
End Sub
```

实验3 类模块

实验目标

通过实验建立一个自定义的类模块，并用这个类模块进行编程，熟悉自定义类模块建立方法、属性的操作方法。

实验内容

利用自定义类模块编制一个加法运算器程序，要求通过类模块实现运算的过程，类模块

要具有一定的属性和方法。程序运行界面如图 3.4 所示。

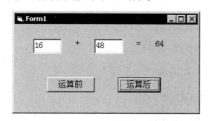

图 3.4　利用类模块建立的加法运算器运行界面

⏩ **实验说明**

本实验通过简单的示例来说明在 Visual Basic 中类模块的定义及其引用方法。

⏩ **实验分析**

通过对实训内容进行认真分析，并结合 Visual Basic 软件的功能及操作，我们可以将实验内容分解如下。

首先建立一个窗体，并调整其大小；然后编写类模块程序，并建立类模块实例；接着分别加载用于显示第一个数字和第二个数字的文本框控件，并分别设置其属性；之后分别加载用于显示"+""="、显示计算结果的标签控件，并分别设置其属性；加载用于显示结果的命令按钮控件，并设置其属性；最后编写程序代码。

⏩ **示范操作**

1. 建立窗体

（1）建立一个窗体 Form1。
（2）将其调整到合适的大小。

2. 编写类模块程序

建立类模块程序后，进行类模块程序的进一步设计时，在 Visual Basic 代码编辑器会看到相应的提示，如图 3.5 所示。

图 3.5　引用类模块编程时的提示信息

3. 建立类模块实例

在 Visual Basic 中，只有建立了一个类模块的实例，才能使用它。建立类模块实例的方法是：

类名 Dim 变量 AS New

在本实验中，我们在建立窗体模块时首先要建立一个类模块的实例：

Dim js As New Class1

4. 加载用于显示第一个数字的文本框控件

（1）加载用于显示第一个数字的文本框控件 Text1。
（2）通过属性窗口设置其 Text 属性为" "。

5. 加载用于显示第二个数字的文本框控件

（1）加载用于显示第二个数字的文本框控件 Text2。

（2）通过属性窗口设置其 Text 属性为“”。

6. 加载用于显示“+”的标签控件

（1）加载用于显示“+”的标签控件 Label1。
（2）通过属性窗口设置其 Caption 属性为“＋”。

7. 加载用于显示“=”的标签控件

（1）加载用于显示“=”的标签控件 Label2。
（2）通过属性窗口设置其 Caption 属性为“=”。

8. 加载用于显示计算结果的标签控件

（1）加载用于显示计算结果的标签控件 Label3。
（2）通过属性窗口设置其 Caption 属性为“”。

9. 加载用于直接显示结果的命令按钮控件

（1）加载用于直接显示结果的命令按钮控件 Command1。
（2）通过属性窗口设置其 Caption 属性为“运算前”。

10. 加载用于用 Sum 方法进行运算后再显示结果的命令按钮控件

（1）加载用于用 Sum 方法进行运算后再显示结果的命令按钮控件 Command2。
（2）通过属性窗口设置其 Caption 属性为“运算后”。

11. 编写程序代码

▶ 程序代码

1. 在工程中建立类模块 Class1，并编写代码

```
Public a, b, c As Integer
'建立类模块的属性 a，b，c，并设置其类型为 Integer
Public Sub sum()
'建立类模块的求和方法 sum()
    c = a + b
    '进行求和运算
End Sub
```

2. 窗体代码

```
Dim js As New Class1
'建立一个 Class1 类的实例 js
Private Sub Command1_Click()
'运算前事件处理过程
    js.a = Val(Text1.Text)
    '设置 js 的属性 a 为第一个操作数
    js.b = Val(Text2.Text)
    '设置 js 的属性 b 为第二个操作数
    Label3.Caption = js.c
    '显示结果，结果为 js 的属性 c 的取值
End Sub
```

```
Private Sub Command2_Click()
'运算后事件处理过程
    js.a = Val(Text1.Text)
    '设置 js 的属性 a 为第一个操作数
    js.b = Val(Text2.Text)
    '设置 js 的属性 b 为第二个操作数
    js.sum
    '利用 js 的 sum 方法进行运算
    Label3.Caption = js.c
    '显示结果
End Sub
```

第 4 章
常量和变量

 实验 1 Visual Basic 中数据的使用

实验目标

学会 Visual Basic 中数据的使用方法，掌握合法与非法的 Visual Basic 数据的辨析方法，以及 Print 语句的使用方法。

实验内容

（1）上机验证教材第 4 章 4.1 节中介绍的各种数据。

（2）上机验证教材第 4 章后练习 4 中简答题的第（3）题，说出哪些是合法的 Visual Basic 数据，哪些是非法的 Visual Basic 数据，并分析其中的原因。

实验说明

本实验通过使用 Print 语句来说明在 Visual Basic 中各种数据的使用方法。

实验分析

通过对实训内容进行认真分析，并结合 Visual Basic 软件的功能及操作，我们可以将实验内容分解如下。

首先启动 Visual Basic，并进入 Visual Basic 的编程环境；然后在 Activate 事件过程的开始语句和结束语句之间输入语句，运行代码编辑窗口中的程序，并观察运行结果；最后修改程序语句和数据，观察运行结果的变化。

示范操作

1．启动 Visual Basic，并进入 Visual Basic 的编程环境

（1）启动 Visual Basic，选择"新建工程"窗口中"新建"选项卡中的"标准 EXE"选项，并单击"打开"按钮，进入 Visual Basic 窗口界面，这时在屏幕中央显示出窗体窗口。

（2）单击菜单栏中的"视图"菜单，然后选择"代码窗口"选项，即可进入代码编辑窗口（单击工程资源管理器窗口上端的"查看代码"按钮，或直接双击窗体窗口可以更方便、快捷地进入代码编辑窗口）。

（3）单击代码编辑窗口上面的"对象"列表框右端的向下箭头，并选择"Form"选项，这时在代码编辑窗口中就会自动出现 Form 窗体的 Load 事件过程。

（4）单击"过程"列表框右端的向下箭头，选择激活（Activate）事件过程，这时在代码编辑窗口中就会出现 Form 窗体的 Activate 事件过程。

（5）将 Form 窗体的 Load 事件过程从代码窗口中删除。

2．在 Activate 事件过程的开始语句和结束语句之间输入语句，并观察运行结果

（1）在 Activate 事件过程的开始语句和结束语句之间输入语句"Print 123*"，然后按"Enter"

键，可以看到"Print 123*"语句立即显示为红色，并出现错误提示窗口，在错误提示窗口中提示出此语句的错误原因，这说明 123* 是非法数据。

（2）单击错误提示窗口中的"确定"按钮，即可对该语句进行修改；如果单击"帮助"按钮，即可查看相关的帮助信息。

关键字 Print，也可使用问号"？"代替，按"Enter"键后，问号会自动转变为关键字 Print。

（3）我们将 123* 中的星号去掉，然后按"Enter"键，则 Print 语句显示为黑色，也没有出现错误提示窗口，说明 123 是合法数据。

（4）单击菜单栏中的"运行"菜单，执行"启动"命令，就可以运行代码编辑窗口中的程序（单击工具栏中的"启动"按钮，可以更方便、快捷地运行该程序），此时在输出窗口中就可以显示出数据 123。

（5）在数据 123 后面再输入一个数据 456%，两个数据之间用分号隔开，即将 Print 语句改为"Print 123；456%"，然后按回车键，未出现错误提示窗口，然后运行此程序，并观察其输出结果。

（6）将两个数据之间的分号改为逗号，然后运行此程序，观察其输出结果，并比较两种输出方式的异同。

（7）将数据 456% 改为'Visual Basic'，使 Print 语句变为：

```
Print 123; 'Visual Basic'
```

按回车键后，发现'Visual Basic'显示为绿色，但并未出现错误提示，然后运行此程序，观察输出窗口，发现并未显示'Visual Basic'。分析其原因，'Visual Basic'并不是字符串，而是被当作了注释（在 Visual Basic 中，注释是以单引号开始的）。

（8）将 Print 语句中的'Visual Basic'两边的单引号改为双引号，运行此程序并观察输出窗口，看结果有何变化。

3．参照以上方法验证教材第 4 章 4.1 节中出现的各种数据，并完成教材第 4 章后习题 4 中简答题的第（3）题

▶ 程序代码

```
Private Sub Form_Activate()
    Print 123; 456%
End Sub
```

和

```
Private Sub Form_Activate()
    Print 123; 'Visual Basic'
End Sub
```

其中，Print 语句后面是需要验证其合法性的数据。

实验 2　Visual Basic 中变量的声明

▶ 实验目标

理解 Visual Basic 中变量声明的有关规定，掌握变量隐式声明和显式声明的方法。

▶ 实验内容

（1）不使用 Option Explicit 语句，隐式声明各种不同类型的变量，观察输出结果；使用 Option Explicit 语句，隐式声明各种不同类型的变量，观察输出结果；使用 Option Explicit 语句，显式声明各种不同类型的变量，观察输出结果。

（2）上机调试并验证教材第 4 章 4.2 节中的例 4.1 和例 4.2。

▶ 实验说明

本实验主要练习变量的隐式声明和显式声明方法。

▶ 实验分析

通过对实训内容进行认真分析，并结合 Visual Basic 软件的功能及操作，我们可以将实验内容分解如下。

首先对变量进行隐式声明，并观察其输出结果；然后改变变量隐式声明格式，并观察其输出结果；最后对变量进行显式声明，并观察其输出结果。

▶ 示范操作

1．对变量进行隐式声明

（1）在 Activate 事件过程的开始语句和结束语句之间，输入语句：

```
a=6
Print a
```

（2）单击菜单栏中的"运行"菜单，然后执行"启动"命令，并未出现错误提示，观察其输出结果。

2．改变变量隐式声明格式

（1）在输入"Private Sub Form_Activate()"语句之前，输入语句：

```
Option Explicit
```

（2）运行该程序，则出现"变量未定义"的错误提示。

3．对变量进行显式声明

（1）在输入语句"*a*=6"之前，输入语句：

```
Dim a%
```

（2）运行该程序，并未出现错误提示，观察其输出结果。

4．按照以上方法上机调试并验证教材第 4 章 4.2 节中的例 4.1 和例 4.2

▶ 程序代码

```
Private Sub Form_Activate()
    a = 6
    Print a
    '其中，变量 a 是隐式声明的变量
```

```
End Sub

Option Explicit
Private Sub Form_Activate()
    a = 6
    Print a
    '其中, 变量 a 是隐式声明的变量
End Sub

Option Explicit
Private Sub Form_Activate()
    Dim a%
    a = 6
    Print a
    '其中, 变量 a 是显式声明的变量
End Sub

Option Explicit
Private Sub Form_Activate()
    Print safesqr(5)
End Sub

Function safesqr(num)
    Dim tempval
    tempval = Abs(num)
    safesqr = Sqr(tempval)
End Function
```

本程序定义一个 Function 过程 safesqr, 然后在 Activate 过程中调用并显示其值。

 实验 3　Visual Basic 中变量的使用

实验目标

理解 Visual Basic 中变量名的有关规定; 掌握哪些是合法的变量名, 哪些是非法的变量名; 了解若变量未经赋值, 其值默认为何值; 了解各种数据类型的有效范围。

实验内容

(1) 上机调试并验证教材第 4 章后习题 4 中简答题的第 (8) 题, 说出哪些是合法的 Visual Basic 变量名, 哪些是非法的 Visual Basic 变量名, 并分析其原因。

(2) 声明各种不同类型的变量, 然后不经赋值, 而直接显示其值, 观察输出结果, 了解变量的默认值。

(3) 验证各种数据类型的有效范围。

实验说明

本实验通过变量的声明和应用来说明在 Visual Basic 中变量的命名和声明方法。

示范操作

（1）在 Activate 事件过程的开始语句和结束语句之间，输入语句：

```
Dim Sgn
```

然后按回车键，Dim 语句立即变为红色，并出现错误提示窗口时，说明 Sgn 是非法变量。单击"帮助"按钮，查看相关的帮助信息，可知 Sgn 为关键字（符号函数的函数名），因为 Visual Basic 中的变量名不能与关键字同名，所以是非法的。将 Sgn 改为 SgnA，然后按回车键，Dim 语句显示为黑色，而且未出现错误提示，说明 SgnA 是合法变量。

（2）参照以上方法验证教材第 4 章 4.1 节中出现的各种变量，并完成教材第 4 章后习题 4 中简答题的第（8）题。

（3）在 Activate 事件过程的开始语句和结束语句之间，声明整型变量 $a\%$，然后不经赋值，而直接显示其值，并观察其输出结果。

（4）将变量 a 分别声明为其他类型的数值型变量（如长整型、单精度实型、双精度实型等），然后直接显示其值，并观察输出结果。

（5）将变量 a 分别声明为其他类型的变量（字符串型、布尔型和日期型），然后直接显示其值，并观察输出结果。

由以上输出结果，可得出什么结论？

（6）在步骤（3）中的声明变量语句后面增加一条赋值语句，给整型变量 a 赋值 32768，然后运行该程序，出现错误提示窗口，提示此程序存在"溢出"错误，单击"调试"按钮，发现代码窗口中的赋值语句变为黄色，说明此语句存在"溢出"错误。将赋值号后面的数据 32768 改为 32767，然后运行此程序，此数据显示在输出窗口，而且未出现错误提示，说明此数据属于整型数据的范围。

（7）按照步骤（6）的方法，将变量 a 声明为其他类型的变量，并给它赋以大小不同的各种数据，随后显示该变量的值，然后运行此程序，观察各种类型变量的有效数据范围。

程序代码

```
Private Sub Form_Activate()
    Dim SgnA
    '其中，关键字 Dim 后面是需要验证其合法性的变量
End Sub

Private Sub Form_Activate()
    Dim a%
    Print a
    '其中，中间两条语句中的变量是需要验证其默认值的变量
End Sub

Private Sub Form_Activate()
    Dim a%
    a = 32767
    Print a
    '其中，变量 a 是需要验证其有效数据范围的变量
End Sub
```

第 5 章
运　算

 实验 1　Visual Basic 中函数的使用

实验目标

理解并掌握教材第 5 章 5.1 节中所讲述的各种函数的语法、功能及说明中的各种注意事项，以及如果变量在声明时没有说明变量的类型，则该变量为何种数据类型。

实验内容

（1）上机调试并验证教材第 5 章 5.1 节中所讲述的各种函数。

（2）上机调试并验证教材第 5 章后习题 5 中简答题的第（2）题。

实验说明

本实验通过简单的程序代码来说明在 Visual Basic 中各种函数的功能和使用方法。

实验分析

通过对实训内容进行认真分析，并结合 Visual Basic 软件的功能及操作，可以将实验内容分解如下。

首先建立窗体的 Activate 事件，定义两个变量并赋值，并以不同形式对其进行输出，对输出结果做出分析；然后定义三个变量，先后对其赋不同的值，并对输出结果进行分析；最后练习 Date 函数和 DateAdd 函数的用法。

示范操作

（1）建立窗体的 Activate 事件，并在 Activate 事件过程的开始语句和结束语句之间，输入下列语句：

```
Dim a!, b#
a = 2.7: b = -3.5
Print a, b
Print TypeName(a), TypeName(b)
Print Int(a), Int(b)
Print TypeName(Int(a)), TypeName(Int(b))
Print Fix(a), Fix(b)
Print TypeName(Fix(a)), TypeName(Fix(b))
```

运行此程序，观察其输出结果，并对输出结果做出分析，总结由此可得出什么结论。

（2）将上面的程序改为：

```
Dim a!, b#, c
Print a, b, c
Print TypeName(a), TypeName(b), TypeName(c)
a = 2: b = -3: c = 5
Print a, b, c
Print TypeName(a), TypeName(b), TypeName(c)
a = 2.5: b = -3.6: c = 5.7
Print a, b, c
Print TypeName(a), TypeName(b), TypeName(c)
c = "VFP 6.0"
Print c
Print TypeName(c)
```

运行此程序，观察其输出结果，并分析原因。

读者可以思考一下：能给变量 *a* 和 *b* 赋值字符串数据吗？

（3）在 Activate 事件过程的开始语句和结束语句之间，输入下列语句：

```
Print Date
Print DateAdd("m", 2, Date)
```

并运行此程序，观察其输出结果。

（4）将 DateAdd 函数中的字符串"m"改为"d"，并运行此程序，观察其运行结果。

（5）将 DateAdd 函数中的字符串"d"改为"yyyy"，并运行此程序，观察其运行结果。对以上输出结果做出分析，并总结由此可得出什么结论。

（6）按照以上方法，输入并验证第 5 章 5.1 节中所讲述的各种函数，并验证教材第 5 章后习题 5 中简答题的第（2）题。

程序代码

```
Private Sub Form_Activate()
    Dim a!, b#
    a = 2.7: b = -3.5
    Print a, b
    Print TypeName(a), TypeName(b)
    Print Int(a), Int(b)
    Print TypeName(Int(a)), TypeName(Int(b))
    Print Fix(a), Fix(b)
    Print TypeName(Fix(a)), TypeName(Fix(b))
End Sub
Private Sub Form_Activate()
    Dim a!, b#, c
    Print a, b, c
    Print TypeName(a), TypeName(b), TypeName(c)
    a = 2: b = -3: c = 5
    Print a, b, c
    Print TypeName(a), TypeName(b), TypeName(c)
    a = 2.5: b = -3.6: c = 5.7
    Print a, b, c
```

```
    Print TypeName(a), TypeName(b), TypeName(c)
    c = "VFP 6.0"
    Print c
    Print TypeName(c)
End Sub
Private Sub Form_Activate()
    Print Date
    Print DateAdd("m", 2, Date)
End Sub
```

实验 2　Visual Basic 中表达式的使用

实验目标

理解并掌握如何将数学代数式转化为 Visual Basic 表达式，以及 Visual Basic 中各种运算符的功能和运算顺序。

实验内容

（1）上机调试并验证教材第 5 章 5.2 节中出现的各种表达式。

（2）上机调试并验证教材第 5 章习题 5 中简答题的第（7）题。

实验说明

本实验通过简单的程序代码来说明在 Visual Basic 中各种运算符和表达式的使用方法。

示范操作

（1）在窗体的 Activate 事件过程的开始语句和结束语句之间，输入下列语句：

```
Dim x%: Dim y
x = -23
y = Abs(x) + 24
Print y, TypeName(y)
```

运行此程序，观察其输出结果，并分析其原因。

（2）给程序中的变量 x 赋其他值，并运行此程序，观察其结果。

（3）将程序中的变量 y 后面的表达式改为其他表达式，并运行此程序，观察其结果。

（4）按照此方法，输入并验证教材中的其他表达式和教材第 5 章习题 5 中简答题的第（7）题。

程序代码

```
Private Sub Form_Activate()
    Dim x%: Dim y
    x = -23
    y = Abs(x) + 24
    Print y, TypeName(y)
End Sub
```

数组和记录

 实验 1　数组的声明与使用

实验目标

理解并掌握常规数组和动态数组的声明和输入、输出方法。

实验内容

（1）上机调试并验证教材第 6 章 6.2 节中的例 6.5 和例 6.6。

（2）上机调试并运行教材第 6 章后习题 6 中编程题的第（1）题。

实验说明

本实验通过简单的程序代码来说明在 Visual Basic 中数组的使用方法。

实验分析

通过对实训内容进行认真分析，并结合 Visual Basic 软件的功能及操作，可以将实验内容分解如下。

首先运行第 6 章 6.2 节中例 6.5 的程序代码，并观察其输出结果；然后改变程序中数组的声明语句，观察其输出结果的变化，并分析原因；最后为有关习题编写程序代码，并进行运行调试。

示范操作

1. 运行第 6 章 6.2 节中例 6.5 的程序代码

（1）在编辑窗口中输入第 6 章 6.2 节中例 6.5 的程序代码。

（2）运行此程序，观察其输出结果。

2. 改变程序中数组的声明语句，观察其输出结果的变化

（1）将程序中的 ReDim M(3)语句改为：

```
ReDim M(6)
```

（2）运行此程序，观察其输出结果，并分析结果发生变化的原因。

（3）将程序中的 ReDim M(3)语句改为：

```
ReDim Preserve M(3)
```

（4）运行此程序，观察其运行结果，并分析结果发生变化的原因。

3. 按照此方法，修改程序中其他语句，然后运行程序，观察其输出结果的变化，并分析原因

4. 按照此方法，上机调试并运行教材第 6 章后习题 6 中编程题的第（1）题，并记录程序清单及运行结果

⏩ 程序代码

```
Option Base 1
Private Sub Form_Activate()
    Dim M() As Integer
    ReDim M(5)
    Dim I As Integer
    For I = 1 To 5
        M(I) = InputBox("请输入数组元素的值")
    Next
    Print UBound(M, 1), LBound(M, 1)
    For I = 1 To 5
        Print M(I);
    Next
    Print
    ReDim M(3)
    Print UBound(M, 1), LBound(M, 1)
    For I = 1 To 3
        Print M(I);
    Next
End Sub
```

 实验 2　记录的定义与使用

⏩ 实验目标

理解并掌握记录的定义与使用方法。

⏩ 实验内容

（1）上机调试并验证教材第 6 章 6.2 节中的例 6.9。
（2）上机调试并运行教材第 6 章后习题 6 中编程题的第（2）题。

⏩ 实验说明

本实验通过简单的程序代码来说明在 Visual Basic 中记录的使用方法。

⏩ 实验分析

通过对实训内容进行认真分析，并结合 Visual Basic 软件的功能及操作，我们可以将实验内容分解如下。

首先运行第 6 章 6.2 节中例 6.9 的程序代码，并观察其输出结果；然后在程序中的记录数据类型中增加或删除数据项，观察其输出结果的变化；最后为有关习题编写程序代码，并进行运行调试。

➡ 示范操作

1. 运行第 6 章 6.2 节中例 6.9 的程序代码

（1）在编辑窗口中输入第 6 章 6.2 节中例 6.9 的程序代码。

（2）运行此程序，观察其输出结果。

2. 在程序中的记录数据类型中增加或删除数据项

（1）给程序中的记录数据类型 Student 增加一数据项：

```
LeaMem As Boolean
```

（2）在程序中为此数据项赋值 True。

（3）在 Print 语句中显示此数据项的值。

（4）运行此程序，观察其输出结果，并进行分析。

（5）增加或删除其他数据项，然后运行此程序，观察输出结果的变化，并分析其变化的原因。

3. 上机调试并运行第 6 章后习题 6 中编程题的第（2）题，记录程序清单及运行结果

➡ 程序代码

```
Private Type Student
    Num As String * 2
    Name As String * 6
    Sex As String * 2
    Age As Integer
    LeaMem As Boolean
    Score As Single
End Type

Private Sub Form_Activate()
    Dim Stud As Student
    Stud.Num = "01"
    Stud.Name = "张伟"
    Stud.Sex = "男"
    Stud.Age = 16
    Stud. LeaMem = True
    Stud.Score = 659.5
    Print Stud.Num, Stud.Name, Stud.Sex
    Print Stud.Age, Stud. LeaMem, Stud.Score
End Sub
```

第 7 章
控 制 结 构

 实验 1 分支结构程序的编写

实验目标

理解并掌握条件判断结构中的单行式 If … Then … End 语句、区块式 If … Then … End If 语句和 Select Case 语句的语法、功能及使用方法，掌握分支结构程序的设计方法。

实验内容

（1）上机调试并验证教材第 7 章前 3 节中的例题。

（2）上机调试并运行教材第 7 章后习题 7 中编程题的第（1）题，以及其他相关习题。

实验说明

本实验通过简单的示例来说明在 Visual Basic 中分支结构程序的编写方法。

实验分析

通过对实训内容进行认真分析，并结合 Visual Basic 软件的功能及操作，可以将实验内容分解如下。

首先使用单行式 If … Then … End 语句编写、调试并运行第 7 章后习题 7 中编程题的第（1）题，观察其输出结果；然后将程序用区块式 If … Then … End If 语句实现，并观察其输出结果；之后修改程序，使之能够找出任意三个数中的最小数；最后调试并运行其他相关例题和习题。

示范操作

1. 使用单行式 If … Then … End 语句编写、调试并运行第 7 章后习题 7 中编程题的第（1）题

（1）在编辑窗口中 Activate 事件过程的开始语句和结束语句之间，输入下列语句：

```
Dim A As Integer, B As Integer, C As Integer
A = InputBox("请输入变量 A 的值：", "输入窗口")
B = InputBox("请输入变量 B 的值：", "输入窗口")
C = InputBox("请输入变量 C 的值：", "输入窗口")
If A < B Then A = B
If A < C Then A = C
Print "最大值为"; A
```

（2）运行此程序，观察其输出结果。

2．将此程序用区块式 If … Then … End If 语句实现，运行此程序，并观察其输出结果

比较以上两种方法哪一种更简单、方便，分析此程序能否使用 Select Case 语句实现，为什么？

3．修改此程序，使之能够找出任意三个数中的最小数，然后运行此程序，观察其输出结果

4．按照此方法，调试并运行教材第 7 章前 3 节中的例题，以及第 7 章后习题 7 中的相关习题

▶ 程序代码

1．使用单行式 If … Then … End 语句实现第 7 章习题中编程题的第（1）题，其程序代码如下

```
Private Sub Form_Activate()
    Dim A As Integer, B As Integer, C As Integer
    A = InputBox("请输入变量A的值: ", "输入窗口")
    B = InputBox("请输入变量B的值: ", "输入窗口")
    C = InputBox("请输入变量C的值: ", "输入窗口")
    If A < B Then A = B
    If A < C Then A = C
    Print "最大值为"; A
End Sub
```

2．使用区块式 If … Then … End If 语句实现第 7 章习题中编程题的第（1）题，其程序代码如下

```
Private Sub Form_Activate()
    Dim A As Integer, B As Integer, C As Integer
    A = InputBox("请输入变量A的值: ", "输入窗口")
    B = InputBox("请输入变量B的值: ", "输入窗口")
    C = InputBox("请输入变量C的值: ", "输入窗口")
    If A < B Then
        A = B
    End If
    If A < C Then
        A = C
    End If
    Print "最大值为"; A
End Sub
```

3．求任意三个数中的最小数，其程序代码如下

```
Private Sub Form_Activate()
    Dim A As Integer, B As Integer, C As Integer
    A = InputBox("请输入变量A的值: ", "输入窗口")
    B = InputBox("请输入变量B的值: ", "输入窗口")
    C = InputBox("请输入变量C的值: ", "输入窗口")
    If A > B Then
```

```
      A = B
   End If
   If A > C Then
      A = C
   End If
   Print "最小值为"; A
End Sub
```

 ## 实验2 循环结构程序的编写

实验目标

理解并掌握循环结构中的 For … Next 语句、For Each … Next 语句、Do … Loop 语句和 While … Wend 语句的语法、功能及使用方法，掌握循环结构程序的设计方法。

实验内容

（1）上机调试并验证教材第 7 章前 3 节中的相关例题。

（2）上机调试并运行教材第 7 章后习题 7 中编程题的第（8）题，以及其他相关习题。

实验说明

本实验主要通过简单的示例来说明在 Visual Basic 中循环结构程序的编写方法，以及各种循环语句的异同。

实验分析

通过对实训内容进行认真分析，并结合 Visual Basic 软件的功能及操作，可以将实验内容分解如下。

首先用 For … Next 语句编写、调试并运行相关习题；然后分别用前测式当型 Do While … Loop 语句、后测式当型 Do … Loop While 语句、前测式直到型 Do Until … Loop 语句、后测式直到型 Do … Loop Until 语句和 While … Wend 语句编写、调试、运行程序，并通过观察输出结果比较以上六种方法的异同。

示范操作

1. 使用 For … Next 语句编写、调试并运行第 7 章后习题 7 中编程题的第（8）题

（1）在编辑窗口中 Activate 事件过程的开始语句和结束语句之间，输入下列语句：

```
Dim S As Long
Dim I As Integer
S = 0
For I = 1 To 100
  S = S + I ^ 2
Next
Print "S="; S
```

（2）运行此程序，观察其输出结果。

2. 将此程序用前测式当型 Do While … Loop 语句实现，运行程序，并观察输出结果

3. 将此程序用后测式当型 Do … Loop While 语句实现，运行程序，并观察输出结果

4. 将此程序用前测式直到型 Do Until … Loop 语句实现，运行程序，并观察输出结果

5. 将此程序用后测式直到型 Do … Loop Until 语句实现，运行程序，并观察输出结果

6. 将此程序用 While … Wend 语句实现，运行程序，并观察输出结果

7. 比较以上六种方法的异同

8. 按照此方法，调试并运行教材第 7 章前 3 节中的相关例题，以及第 7 章后习题 7 中的相关习题

▶ 程序代码

1. 使用 For … Next 语句实现第 7 章后习题 7 中编程题的第（8）题，程序代码如下

```
Private Sub Form_Activate()
    Dim S As Long
    Dim I As Integer
    S = 0
    For I = 1 To 100
       S = S + I ^ 2
    Next
    Print "S="; S
End Sub
```

2. 使用前测式当型 Do While … Loop 语句实现第 7 章后习题 7 中编程题的第（8）题，程序代码如下

```
Private Sub Form_Activate()
    Dim S As Long
    Dim I As Integer
    S = 0: I = 1
    Do While I <= 100
       S = S + I ^ 2
       I = I + 1
    Loop
    Print "S="; S
End Sub
```

3. 使用后测式当型 Do … Loop While 语句实现第 7 章后习题 7 中编程题的第（8）题，程序代码如下

```
Private Sub Form_Activate()
    Dim S As Long
    Dim I As Integer
    S = 0: I = 1
    Do
       S = S + I ^ 2
       I = I + 1
```

```
    Loop While I <= 100
    Print "S="; S
End Sub
```

4. 使用前测式直到型 Do Until … Loop 语句实现第 7 章后习题 7 中编程题的第（8）题，程序代码如下

```
Private Sub Form_Activate()
    Dim S As Long
    Dim I As Integer
    S = 0: I = 1
    Do Until I > 100
        S = S + I ^ 2
        I = I + 1
    Loop
    Print "S="; S
End Sub
```

5. 使用后测式直到型 Do … Loop Until 语句实现第 7 章后习题 7 中编程题的第（8）题，程序代码如下

```
Private Sub Form_Activate()
    Dim S As Long
    Dim I As Integer
    S = 0: I = 1
    Do
        S = S + I ^ 2
        I = I + 1
    Loop Until I > 100
    Print "S="; S
End Sub
```

6. 使用 While … Wend 语句实现第 7 章后习题 7 中编程题的第（8）题，程序代码如下

```
Private Sub Form_Activate()
    Dim S As Long
    Dim I As Integer
    S = 0: I = 1
    While I <= 100
        S = S + I ^ 2
        I = I + 1
    Wend
    Print "S="; S
End Sub
```

 ## 实验 3　过程的定义与使用

 实验目标

理解并掌握 Function 函数过程和 Sub 子程序过程的定义和调用方法，以及调用 Function 过程和 Sub 过程时参数传递的方法及 Static 关键字的使用方法。

➡️ **实验内容**

（1）上机调试并验证教材第 7 章 7.4 节中的相关例题。

（2）上机调试并运行教材第 7 章后习题 7 中编程题的第（15）、第（16）题。

➡️ **实验说明**

本实验通过简单的示例来说明在 Visual Basic 中过程的定义与使用方法。

➡️ **实验分析**

通过对实训内容进行认真分析，并结合 Visual Basic 软件的功能及操作，可以将实验内容分解如下。

首先使用 Function 函数过程编写、调试并运行相关习题，然后将此程序使用 Sub 子程序过程实现，并比较两种方法的异同。

➡️ **示范操作**

（1）使用 Function 函数过程编写、调试并运行第 7 章后习题 7 中编程题的第（15）题。

① 在编辑窗口中输入下列程序代码：

```
Private Sub Form_Activate()
    Dim A As Integer, B As Integer, C As Integer
    Dim Y As Long
    A = 6 : B = 8 : C = 5
    Y = Exam(A) + Exam(B) + Exam(C)
    Print Y
End Sub

Private Function Exam&(X%)
    Dim I As Integer
    Exam = 1
    For I = 1 To X
        Exam = Exam * I
    Next I
End Function
```

② 运行此程序，并观察其输出结果。

（2）将此程序使用 Sub 子程序过程实现，运行程序，并观察其输出结果。

（3）比较两种方法的异同，对于此程序来说，使用哪种过程编写程序更方便一些。

（4）将 Sub 过程 Exam 的形参 X 前面的关键字 ByVal 去掉，并运行此程序，观察其能否得出正确结果。

（5）修改其他有疑问的地方后，运行程序，观察其能否得出正确结果，并分析原因。

（6）按照以上方法，编写、调试并运行教材第 7 章 7.4 节中的相关例题，以及习题 7 中编程题的第（16）题。

➡️ **程序代码**

Sub 子程序过程的程序代码如下：

```
Private Sub Form_Activate()
```

```
    Dim A As Integer, B As Integer, C As Integer
    Dim Y As Long, Y1 As Long, Y2 As Long, Y3 As Long
    A = 6: B = 8: C = 5
    Y1 = 1: Y2 = 1: Y3 = 1
    Call Exam(A, Y1)
    Call Exam(B, Y2)
    Call Exam(C, Y3)
    Y = Y1 + Y2 + Y3
    Print Y
End Sub

Private Sub Exam(ByVal X%, P&)
    Dim I As Integer
    For I = 1 To X
        P = P * I
    Next I
End Sub
```

第8章
窗　体

实验 1　通过设置属性设计窗体的外观

实验目标

通过实验了解窗体的常用属性，掌握如何通过设置窗体的属性来设计和改变窗体的外观。

实验内容

上机调试"窗体外观设计实验"，观察并分析运行效果与窗体的各属性设置之间的对应关系。

实验说明

"窗体外观设计实验"主要通过对教材第 8 章 8.2 节"窗体的属性"中介绍的窗体的常用属性进行相应的设置，设计完成如图 8.1 所示的窗体。

实验分析

通过对实训内容进行认真分析，并结合 Visual Basic 软件的功能及操作，我们可以将实验内容分解如下。

图 8.1　窗体外观设计实验

首先建立一个新文件，然后显示窗体，并通过属性窗口设置其属性。

示范操作

1．建立一个新文件

2．显示窗体，并设置其属性

（1）显示窗体。

（2）通过属性窗口设置其属性如下：

```
Name 属性为"Form1"
Caption 属性为"窗体外观设计实验"
BorderStyle 属性为"1—Fixed Single"（使窗体大小不可调）
Height 属性为"4215"
Icon 属性为"C:\WINDOWS\Winupd.ico"
Left 属性为"2550"
Top 属性为"2250"
```

MaxButton 属性为"False"
MinButton 属性为"False"
Picture 属性为"C:\WINDOWS\Forest.bmp"

窗体的其他属性均取默认设置，无须修改。

 实验2 编写窗体的事件过程代码

实验目标

通过实验了解窗体的常用事件过程，掌握各事件过程的触发条件及代码的编写方法。

实验内容

上机调试"窗体常用事件过程的触发和响应"实验程序，观察并分析运行效果与各事件之间的对应关系。

实验说明

"窗体常用事件过程的触发和响应"实验程序，主要利用教材第8章8.3节"窗体的事件"中介绍的窗体的常用事件过程，设计如图8.2所示的窗体。该窗体在装入时，标题栏显示"窗体的 Load 事件"；当在窗体中双击时，窗体的标题栏显示"窗体的 DblClick 事件"；当在窗体中按下键盘上的任何键时，窗体的标题栏显示"窗体的 KeyPress 事件"；当卸载窗体时，窗体的标题栏显示"窗体的 Unload 事件"，并弹出如图8.3所示的对话框。

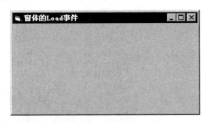

图8.2 "窗体常用事件过程的触发和响应"实验程序

图8.3 窗体被卸载时弹出的对话框

实验分析

通过对实训内容进行认真分析，并结合 Visual Basic 软件的功能及操作，我们可以将实验内容分解如下。

首先建立一个新文件；然后显示窗体，并设置其属性；最后编写窗体的事件代码。

示范操作

1．建立一个新文件

2．显示窗体，并设置其属性

（1）显示窗体。

（2）通过属性窗口设置其 Name 属性为"Form1"。

窗体的其他属性均取默认设置，无须修改。

3. 编写窗体的事件代码

⏩ 程序代码

```
Private Sub Form_DblClick()
    Form1.Caption = "窗体的 DblClick 事件"
End Sub

Private Sub Form_Load()
    Form1.Caption = "窗体的 Load 事件"
End Sub

Private Sub Form_KeyPress(KeyAscii As Integer)
    Form1.Caption = "窗体的 KeyPress 事件"
End Sub

Private Sub Form_Unload(Cancel As Integer)
    Form1.Caption = "窗体的 Unload 事件"
    MsgBox "窗体将被卸载并关闭，触发 Unload 事件。"
End Sub
```

 实验3　**定义窗体的行为**

⏩ 实验目标

通过实验了解窗体的常用方法，掌握窗体常用方法的作用及用法。

⏩ 实验内容

上机调试本实验提供的程序，观察并分析运行效果与各方法之间的对应关系。

⏩ 实验说明

本实验主要通过使用教材第 8 章 8.4 节 "窗体的方法" 中介绍的窗体的常用方法，设计如图 8.4 所示的窗体。程序开始运行时，窗体被隐藏，通过屏幕提示，可以显示、移动和卸载窗体。

⏩ 实验分析

通过对实训内容进行认真分析，并结合 Visual Basic 软件的功能及操作，我们可以将实验内容分解如下。

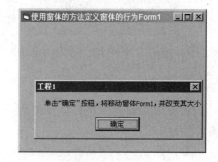

图 8.4　"使用窗体的方法定义窗体的行为 Form1" 的运行界面

首先建立一个新文件；然后显示窗体，并设置其属性；最后编写窗体的事件代码。

⏩ 示范操作

1. 建立一个新文件

2. 显示窗体，并设置其属性

（1）显示窗体。

（2）通过属性窗口设置其 Name 属性为"Form1"。

窗体的其他属性均取默认设置，无须修改。

3. 编写窗体的事件代码

 程序代码

```
Private Sub Form_Load()
    '定义窗体的标题
    Form1.Caption = "使用窗体的方法定义窗体的行为 Form1"
    '使用 Hide 方法隐藏窗体 Form1
    Form1.Hide
    MsgBox "单击"确定"按钮，将显示窗体 Form1"
    '使用 Show 方法显示窗体 Form1
    Form1.Show
    MsgBox "单击"确定"按钮，将移动窗体 Form1，并改变其大小"
    '使用 Move 方法移动窗体 Form1，并改变其大小
    Form1.Move 600, 600, 2000, 2000
    MsgBox "单击"确定"按钮，将卸载窗体 Form1"
    '卸载窗体 Form1
    Unload Form1
End Sub
```

实验4 多个窗体的处理

 实验目标

通过实验了解多个窗体的处理方法。

 实验内容

上机调试本实验所提供的程序，观察并分析运行效果与窗体各个方法、事件之间的对应关系。

 实验说明

本实验主要应用教材第 8 章 8.5 节"多个窗体的处理"中的有关知识，设计如图 8.5 所示的窗体。程序开始运行时，两个窗体均被隐藏，按照屏幕提示执行相应的操作，可以显示这两个窗体，并将焦点赋给窗体 Form2，最后卸载两个窗体。

图 8.5　"多窗体处理程序范例 Form1"的运行界面

➡️ 实验分析

通过对实训内容进行认真分析，并结合 Visual Basic 软件的功能及操作，我们可以将实验内容分解如下。

首先建立一个新文件；然后分别加载两个窗体，并设置其属性；最后编写窗体的事件代码。

➡️ 示范操作

1．建立一个新文件

2．加载一个窗体，并设置其属性

（1）加载窗体。

（2）通过属性窗口设置其 Name 属性为"Form1"。

窗体的其他属性均取默认设置，无须修改。

3．加载另一个窗体，并设置其属性

（1）在"工程"菜单中选择"添加窗体"选项，此时屏幕上显示"添加窗体"对话框。

（2）在"新建"窗口中选择要添加的窗体的类型，或者在"现存"窗口中选择一个已经存在的窗体文件。

（3）单击"打开"按钮，通过属性窗口设置窗体的 Name 属性为"Form2"。

窗体的其他属性均取默认设置，无须修改。

4．编写窗体的事件代码

➡️ 程序代码

```
Private Sub Form_Load()
    Form1.Caption = "多窗体处理程序范例 Form1"
    Form2.Caption = "新装入的窗体 Form2"
    '定义窗体的标题
    Form1.Hide
    Form2.Hide
    '隐藏窗体 Form1 和 Form2
    MsgBox "单击"确定"按钮，将显示窗体 Form1。"
    Form1.Show
    MsgBox "单击"确定"按钮，将显示窗体 Form2。"
    '显示窗体 Form1
    Form2.Show
    MsgBox "单击"确定"按钮，将使窗体 Form2 获得焦点。"
    '显示窗体 Form2
    Form2.SetFocus
    MsgBox "单击"确定"按钮，卸载窗体 Form2。"
    '使窗体 Form2 获得焦点
    Unload Form2
    MsgBox "单击"确定"按钮，卸载窗体 Form1。"
    '卸载窗体 Form2
    Unload Form1
    '卸载窗体 Form1
End Sub
```

实验 5　多文档界面（MDI）窗体处理

实验目标

通过实验了解多文档界面（MDI）窗体的处理方法。

实验内容

上机调试本实验所提供的程序，观察并分析运行效果与窗体各个方法、事件之间的对应关系。

实验说明

本实验主要应用教材第 8 章 8.6 节"多文档界面（MDI）窗体"中的有关知识，设计如图 8.6 所示的窗体。程序开始运行时，MDI 窗体和两个子窗体均被显示，按照屏幕提示执行相应的操作，可以将"子窗体 2"最大化、最小化，最后关闭所有窗体。

图 8.6　多文档界面（MDI）窗体

实验分析

通过对实训内容进行认真分析，并结合 Visual Basic 软件的功能及操作，我们可以将实验内容分解如下。

首先建立一个新文件；然后分别加载两个窗体，并设置其属性；之后加载一个 MDI 窗体，并设置其属性；最后编写窗体的事件代码。

示范操作

1．建立一个新文件

2．加载一个窗体，并设置其属性

（1）加载一个窗体。

（2）通过属性窗口设置其属性如下：

```
Name 属性为"Form1"
MDIChild 属性为"True"
```

窗体的其他属性均取默认设置，无须修改。

3．加载另一个窗体，并设置其属性

（1）按照第 8 章实验 4 的步骤 3 的操作加入窗体。

（2）通过属性窗口设置其属性如下：

Name 属性为"Form2"
MDIChild 属性为"True"

窗体的其他属性均取默认设置，无须修改。

4. 加载 MDI 窗体，并设置其属性

（1）在"工程"菜单中选择"添加 MDI 窗体"选项，即可创建一个 MDI 窗体。
（2）通过属性窗口设置 MDI 窗体的 Name 属性为"MDIForm1"。
窗体的其他属性均取默认设置，无须修改。

5. 编写窗体的事件代码

程序代码

```
Private Sub MDIForm_Load()
    MDIForm1.Caption = "MDI 窗体"
    Form1.Caption = "子窗体 1"
    Form2.Caption = "子窗体 2"
    '设置窗体标题栏中显示的内容
    Form1.Show
    Form2.Show
    '显示子窗体 1 和子窗体 2
    MsgBox "单击"确定"按钮，子窗体 2 将最大化显示。"
    Form2.WindowState = 2
    MsgBox "单击"确定"按钮，子窗体 2 将最小化显示。"
    Form2.WindowState = 1
    MsgBox "单击"确定"按钮，子窗体 2 将还原显示。"
    Form2.WindowState = 0
    MsgBox "单击"确定"按钮，关闭子窗体 1。"
    Unload Form1
    MsgBox "单击"确定"按钮，关闭子窗体 2。"
    '卸载子窗体 1
    Unload Form2
    MsgBox "单击"确定"按钮，关闭 MDI 窗体。"
    '卸载子窗体 2
    Unload MDIForm1
    '卸载 MDI 窗体
End Sub
```

第 9 章
控 件

实验1 一般类控件的使用

实验目标

通过实验了解一般类控件的使用方法，掌握一般类控件的常用属性、方法和事件，初步树立可视化的编程思想。

实验内容

上机调试"一分钟加法测试程序"，观察运行效果与程序代码的对应关系，并进行程序分析。

实验说明

图 9.1 "一分钟加法测试程序"的运行界面

"一分钟加法测试程序"综合使用教材第 9 章 9.4 节介绍的"命令按钮（CommandButton）""计时器（Timer）""标签（Label）""文本框（TextBox）"等一般类控件的各种属性设置和方法事件设计。

程序的运行界面如图 9.1 所示，其主要功能是单击"开始"按钮后，一分钟内随机给出两个 1～100 的自然数，操作者在等号后面的文本框中输入两数之和，并单击"确认"按钮，答案正确则加 10 分，答案错误则减 10 分，单击"放弃"按钮则不加分也不减分。单击"确认"按钮或"放弃"按钮，均可显示两个新的自然数，以供计算。计时器按秒计时，一分钟后显示得分情况。

实验分析

通过对实训内容进行认真分析，并结合 Visual Basic 软件的功能及操作，我们可以将实验内容分解如下。

首先建立一个新文件；然后显示窗体，并设置其属性；接着分别加载用于显示提示信息、计时情况、得分结果、显示题目的标签，并设置其属性；加载用于输出运算结果的文本框，并设置其属性；加载用于开始测试程序、确认计算结果、放弃某一测试题目的命令按钮，并分别设置其属性；加载用于程序计时的定时器控件，并设置其属性；最后编写程序代码。

示范操作

1. 建立一个新文件

2. 显示窗体，并设置其属性

（1）显示窗体。

（2）通过属性窗口设置其属性如下：

```
Name 属性为"Form1"
Caption 属性为"一分钟加法测试程序"
BackColor 属性为"&H80000000&"
```

3．加载用于显示提示信息的标签，并分别设置其属性

（1）加载用于显示提示信息"一分钟加法测试"的标签。

（2）通过属性窗口设置其属性如下：

```
Name 属性为"Label1"
Caption 属性为"一分钟加法测试"
```

（3）加载用于显示计时情况的标签。

（4）通过属性窗口设置其属性如下：

```
Name 属性为"Label2"
Caption 属性为""
```

（5）加载用于显示提示信息"秒"的标签。

（6）通过属性窗口设置其属性如下：

```
Name 属性为"Label3"
Caption 属性为"秒"
```

（7）加载用于显示得分结果的标签。

（8）通过属性窗口设置其属性如下：

```
Name 属性为"Label4"
Caption 属性为""
```

4．加载用于显示题目的标签，并分别设置其属性

（1）加载用于显示第一个加数的标签。

（2）通过属性窗口设置其属性如下：

```
Name 属性为"Label5"
Caption 属性为""
```

（3）加载用于显示运算符"+"的标签。

（4）通过属性窗口设置其属性如下：

```
Name 属性为"Label6"
Caption 属性为"+"
```

（5）加载用于显示第二个加数的标签。

（6）通过属性窗口设置其属性如下：

```
Name 属性为"Label7"
Caption 属性为""
```

（7）加载用于显示运算符"="的标签。

（8）通过属性窗口设置其属性如下：

```
Name 属性为"Label8"
Caption 属性为"="
```

5. 加载用于输出运算结果的文本框，并设置其属性

（1）加载用于输出运算结果的文本框。

（2）通过属性窗口设置其属性如下：

```
Name 属性为 "Text1"
Text 属性为 ""
```

6. 加载相关的命令按钮，并分别设置其属性

（1）加载用于开始测试程序的命令按钮。

（2）通过属性窗口设置其属性如下：

```
Name 属性为 "Command1"
Caption 属性为 "开始"
Default 属性为 "True"（使其成为默认按钮）
Enabled 属性为 "True"
```

（3）加载用于确认计算结果的命令按钮。

（4）通过属性窗口设置其属性如下：

```
Name 属性为 "Command2"
Caption 属性为 "确认"
Enabled 属性为 "True"
```

（5）加载用于放弃某一测试题目的命令按钮。

（6）通过属性窗口设置其属性如下：

```
Name 属性为 "Command3"
Caption 属性为 "放弃"
Enabled 属性为 "False"
```

7. 加载用于程序计时的定时器控件，并设置其属性

（1）加载用于程序计时的定时器控件。

（2）通过属性窗口设置其属性如下：

```
Name 属性为 "Timer1"
Enabled 属性为 "False"
Interval 属性为 "1000"（将定时器设置为1秒）
```

8. 编写程序代码

▶ 程序代码

```
Dim x As Integer, y As Integer, z As Integer, cj As Integer
'定义全局变量 x 为加数，y 为被加数，z 为和，cj 为最后成绩
Private Sub Command1_Click()
    Text1.SetFocus
    '如果单击"开始"按钮，将焦点赋给计算结果输入框 Text1
    Command1.Enabled = False
    '将开始按钮设置为无效
    Command2.Enabled = True
    Command3.Enabled = True
```

```vb
    '将"确认"按钮和"放弃"按钮设置为有效
    Timer1.Enabled = True
    '将定时器设置为有效，使计时开始
    Label2.Caption = Str(0)
    '使计时从 0 开始
    ct
    '调用子过程，使窗体中显示题目
End Sub

Private Sub Command2_Click()
    Text1.SetFocus
    '如果单击"确认"按钮，将焦点赋给计算结果输入框 Text1
    Command1.Enabled = False
    Command2.Enabled = False
    '将"开始"按钮和"确认"按钮设置为无效
    Command3.Enabled = True
    '将"放弃"按钮设置为有效
    If Text1.Text <> "" And Val(Text1.Text) = z Then
    '判断计算结果是否正确
      cj = cj + 10
      '如果正确，成绩增加 10 分
    End If
    If Text1.Text <> "" And Val(Text1.Text) <> z Then
      cj = cj - 10
      '如果不正确，成绩减少 10 分
    End If
    ct
    '调用子过程，使窗体中显示题目
    Command2.Enabled = True
    Command3.Enabled = True
    '将"确认"按钮和"放弃"按钮设置为有效
End Sub

Private Sub Command3_Click()
    Text1.SetFocus
    '如果单击"放弃"按钮，将焦点赋给计算结果输入框 Text1
    Command1.Enabled = False
    Command2.Enabled = True
    Command3.Enabled = False
    '将"开始"按钮和"放弃"按钮设置为无效，"确认"按钮设置为有效
    cj = cj + 0
    '成绩不变，重新出题
    ct
    '调用子过程，使窗体中显示题目
End Sub

Private Sub Timer1_Timer()
    Label2.Caption = Str(Val(Label2.Caption) + 1)
    '使时间以秒为单位逐渐递增显示
    If Val(Label2.Caption) = 60 Then
```

```
    '如果计时到达 1 分钟（60 秒）
        Label2.Caption = Str(0)
        '使时间显示回零
        Timer1.Enabled = False
        Command1.Enabled = False
        Command2.Enabled = False
        Command3.Enabled = False
        Text1.Enabled = False
        '锁定计时器和"开始""确认""放弃"按钮，禁止输入计算结果
        Label4.Caption = "您的成绩是" + Str(cj) + "分"
    '显示最后成绩
    End If
End Sub

Sub ct()
    '出题子过程
    Text1.Text = ""
    '首先将计算结果输入框中的内容清空
    x = Int(101 * Rnd)
    y = Int(101 * Rnd)
    '随机取两个自然数分别作为两个加数
    z = x + y
    '计算两数之和
    Label5.Caption = Str(x)
    Label7.Caption = Str(y)
    '显示两个加数
End Sub
```

实验 2　图形、图像类控件的使用

实验目标

通过实验了解图形、图像类控件的使用方法，掌握图形、图像类控件的常用属性、方法和事件，进一步树立可视化的编程思想。

实验内容

上机调试"图形变换程序"，观察运行效果与程序代码的对应关系，并进行程序分析。

实验说明

"图形变换程序"综合使用了教材第 9 章 9.4 节"图形、图像类控件"中介绍的"形状（Shape）""图像（Image）""图片框（PictureBox）"等图形、图像类控件的各种属性、方法和事件。程序的运行界面如图 9.2 所示，其主要功能是每单击一次"变小""变大""下移""上移""左移"或"右移"按钮，图形都将发生相应的变化或移动。

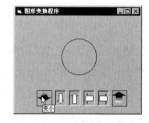

图 9.2　"图形变换程序"的运行界面

⏩ 实验分析

通过对实训内容进行认真分析，并结合 Visual Basic 软件的功能及操作，我们可以将实验内容分解如下。

首先建立一个新文件；然后显示窗体，并设置其属性；接着加载形状控件，并设置其属性；之后分别加载用于使图形变大、变小、下移、上移、左移、右移的图片框控件，并设置其属性；最后编写程序代码。

⏩ 示范操作

1．建立一个新文件

2．显示窗体，并设置其属性

（1）显示窗体。

（2）通过属性窗口设置其属性如下：

```
Name 属性为"Form1"
Caption 属性为"图形变换程序"
BackColor 属性为"&H80000000&"（设置背景色）
```

3．加载形状控件，并设置其属性

（1）加载形状控件。

（2）通过属性窗口设置其属性如下：

```
Name 属性为"Shape1"
Shape 属性为"3—Circle"（显示一个圆形）
```

4．加载用于使图形变化和移动的图片框控件，并设置其属性

（1）加载用于使图形变大的图片框控件。

（2）通过属性窗口设置其属性如下：

```
Name 属性为"big"
ToolTipText 属性为"变大"
```

（3）加载用于使图形变小的图片框控件。

（4）通过属性窗口设置其属性如下：

```
Name 属性为"small"
ToolTipText 属性为"变小"
```

（5）加载用于使图形下移的图片框控件。

（6）通过属性窗口设置其属性如下：

```
Name 属性为"down"
ToolTipText 属性为"下移"
```

（7）加载用于使图形上移的图片框控件。

（8）通过属性窗口设置其属性如下：

```
Name 属性为"up"
ToolTipText 属性为"上移"
```

（9）加载用于使图形左移的图片框控件。

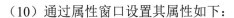

（10）通过属性窗口设置其属性如下：

Name 属性为"left"
ToolTipText 属性为"左移"

（11）加载用于使图形右移的图片框控件。

（12）通过属性窗口设置其属性如下：

Name 属性为"right"
ToolTipText 属性为"右移"

（13）通过剪贴板设置图片框控件的 Picture 属性：

① 将已经存在的图形复制到剪贴板中。

② 选定相应的图片框。

③ 按下"Ctrl+V"组合键，将剪贴板中的图形粘贴到图片框中。

5．编写程序代码

程序代码

```
Dim BHL As Integer
'定义一个表示图形变化的变量 BHL
Private Sub Form_Load()
    BHL = 50
    '当加载窗体时，设置图形变化量
End Sub

Private Sub small_Click()
    If Shape1.Width > BHL And Shape1.Height > BHL Then
    '如果图形的宽度和高度大于变化量
        Shape1.Width = Shape1.Width - BHL
        Shape1.Height = Shape1.Height - BHL
        '则减小图形的显示宽度和高度，以使图形变小
    End If
End Sub

Private Sub big_Click()
    Shape1.Width = Shape1.Width + BHL
    Shape1.Height = Shape1.Height + BHL
    '增加图形的显示宽度和高度，以使图形变大
End Sub

Private Sub up_Click()
    Shape1.Top = Shape1.Top - BHL
    '上移图形
End Sub

Private Sub down_Click()
    Shape1.Top = Shape1.Top + BHL
    '下移图形
End Sub

Private Sub left_Click()
```

```
    Shape1.left = Shape1.left - BHL
    '左移图形
End Sub

Private Sub right_Click()
    Shape1.left = Shape1.left + BHL
    '右移图形
End Sub
```

 ## 实验3 选择类控件的使用

实验目标

通过实验了解选择类控件的使用方法，掌握选择类控件的常用属性、方法和事件，进一步树立可视化的编程思想。

实验内容

上机调试"设置文本样式和字号程序"，观察其运行效果与程序代码的对应关系，并进行程序分析。

实验说明

图9.3   "设置文本样式和字号程序"
的运行界面

"设置文本样式和字号程序"综合使用教材第9章9.3节"一般类控件"中介绍的"文本框（TextBox）""框架（Frame）"等和9.5节"选择类控件"中介绍的"复选框（CheckBox）""选项按钮（OptionButton）"等的各种属性、方法和事件。程序的运行界面如图9.3所示，其主要功能是在文本框中输入文本，并可以对所输入的文本的样式和字号进行设置。

实验分析

通过对实训内容进行认真分析，并结合Visual Basic软件的功能及操作，我们可以将实验内容分解如下。

首先建立一个新文件；然后显示窗体，并设置其属性；接着加载用于输入文本的文本框，并设置其属性；加载用于装载样式复选框和字号选项按钮的框架，并分别设置其属性；之后加载用于设置文本样式的复选框，并设置其属性；加载用于设置文本字号的选项按钮，并分别设置其属性；最后编写程序代码。

示范操作

1. 建立一个新文件

2. 显示窗体，并设置其属性

（1）显示窗体。

（2）通过属性窗口设置其属性如下：

```
Name 属性为"Form1"
```

Caption 属性为 "设置文本样式和字号程序"
BackColor 属性为 "&H80000000&"

3. 加载用于输入文本的文本框，并设置其属性

（1）加载用于输入文本的文本框。

（2）通过属性窗口设置其属性如下：

Name 属性为 "Text1"
Text 属性为 "请设置文本样式和字号"
Scrollbars 属性为 "3—Both"（设置水平滚动表和垂直滚动条）
MultiLine 属性为 "True"

4. 加载用于装载样式复选框和字号选项按钮的框架，并分别设置其属性

（1）加载用于装载样式复选框的框架。

（2）通过属性窗口设置其属性如下：

Name 属性为 "Frame1"
Caption 属性为 "样式"

（3）加载用于装载字号选项按钮的框架。

（4）通过属性窗口设置其属性如下：

Name 属性为 "Frame2"
Caption 属性为 "字号"

5. 加载用于设置文本样式的复选框，并设置其属性

（1）加载用于将文本样式设置为粗体的复选框。

（2）通过属性窗口设置其属性如下：

Name 属性为 "Check1"
Caption 属性为 "粗体"

单击 Font（字体）属性，并单击其后面的 "…" 按钮，选择字体样式为 "粗体"。

（3）加载用于将文本样式设置为斜体的复选框。

（4）通过属性窗口设置其属性如下：

Name 属性为 "Check2"
Caption 属性为 "斜体"

单击 Font 属性，并单击其后面的 "…" 按钮，选择字体样式为 "斜体"。

（5）加载用于将文本样式设置为带下画线的复选框。

（6）通过属性窗口设置其属性如下：

Name 属性为 "Check3"
Caption 属性为 "下画线"

单击 Font 属性，并单击其后面的 "…" 按钮，选择字体效果为 "下画线"。

6. 加载用于设置文本字号的选项按钮，并设置其属性

（1）加载用于将字号设置为 8.25 的选项按钮。

（2）通过属性窗口设置其属性如下：

Name 属性为"Option1"
Caption 属性为"8.25"

（3）加载用于将字号设置为 9.75 的选项按钮。
（4）通过属性窗口设置其属性如下：

Name 属性为"Option2"
Caption 属性为"9.75"

（5）加载用于将字号设置为 12 的选项按钮。
（6）通过属性窗口设置其属性如下：

Name 属性为"Option3"
Caption 属性为"12"

（7）加载用于将字号设置为 13.5 的选项按钮。
（8）通过属性窗口设置其属性如下：

Name 属性为"Option4"
Caption 属性为"13.5"

（9）加载用于将字号设置为 18 的选项按钮。
（10）通过属性窗口设置其属性如下：

Name 属性为"Option5"
Caption 属性为"18"

（11）加载用于将字号设置为 24 的选项按钮。
（12）通过属性窗口设置其属性如下：

Name 属性为"Option6"
Caption 属性为"24"

7. 编写程序代码

▶ 程序代码

```
Private Sub Form1_Load()
    Text1.FontBold = False
    Text1.FontItalic = False
    Text1.FontUnderline = False
    '设置文本框中的文本为常规格式（将粗体、斜体和下画线效果设置为无效）
    Text1.FontSize = 12
    '设置文本框中文本的字号
    Option3 = True
    '设置默认选项按钮，将默认字号设置为 12
End Sub

Private Sub Check1_Click()
    Text1.FontBold = Check1.Value
    '设置文本框中的文本样式为粗体
End Sub

Private Sub Check2_Click()
    Text1.FontItalic = Check2.Value
```

```
                    '设置文本框中的文本样式为斜体
End Sub

Private Sub Check3_Click()
    Text1.FontUnderline = Check3.Value
    '设置文本框中的文本样式为带下画线
End Sub

Private Sub Option1_Click()
    Text1.FontSize = 8.25
    '设置文本框中文本的字号为8.25
End Sub

Private Sub Option2_Click()
    Text1.FontSize = 9.75
    '设置文本框中文本的字号为9.75
End Sub

Private Sub Option3_Click()
    Text1.FontSize = 12
    '设置文本框中文本的字号为12
End Sub

Private Sub Option4_Click()
    Text1.FontSize = 13.5
    '设置文本框中文本的字号为13.5
End Sub

Private Sub Option5_Click()
    Text1.FontSize = 18
    '设置文本框中文本的字号为18
End Sub

Private Sub Option6_Click()
    Text1.FontSize = 24
    '设置文本框中文本的字号为24
End Sub
```

 # 实验 4　在设计时创建控件数组

实验目标

通过实验了解控件数组的作用，掌握在设计时创建控件数组的方法、控件数组属性的使用及其事件的执行。

实验内容

上机调试本实验中的"四则运算程序"，观察运行效果与程序代码的对应关系，并进行程序分析。

⏩ **实验说明**

本实验中的"四则运算程序"主要通过教材第 9 章 9.6 节"控件数组"中介绍的"在设计时创建控件数组"的方法来创建命令按钮数组，并使用文本框和标签等控件显示运算符和运算结果。程序的运行界面如图 9.4 所示，其主要功能是在文本框中输入两个数字，单击命令按钮"+""-""*""/"，计算机将自动计 1 算并显示运算结果。单击"结束"按钮，将退出运算程序。

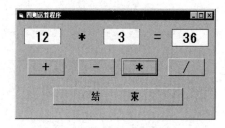

图 9.4　"四则运算程序"的运行界面

⏩ **实验分析**

通过对实训内容进行认真分析，并结合 Visual Basic 软件的功能及操作，我们可以对实验内容分解如下。

首先建立一个新文件；然后显示窗体，并设置其属性；接着加载用于输入两个数字的文本框，并分别设置其属性；加载用于显示运算符号和运算结果的标签，并分别设置其属性；之后加载用于进行四则运算的命令按钮控件数组，并设置其属性；最后编写程序代码。

⏩ **示范操作**

1．建立一个新文件

2．显示窗体，并设置其属性

（1）显示窗体。

（2）通过属性窗口设置其属性如下：

```
Name 属性为"Form1"
Caption 属性为"四则运算程序"
BackColor 属性为"&H80000000&"
```

3．加载用于输入两个数字的文本框，并分别设置其属性

（1）加载用于输入第一个数字的文本框。

（2）通过属性窗口设置其属性如下：

```
Name 属性为"Text1"
Text 属性为""
Alignment 属性为"2—Center"
Font 属性为"二号""黑体""加粗"
```

（3）加载用于输入第二个数字的文本框。

（4）通过属性窗口设置其属性如下：

```
Name 属性为"Text2"
Text 属性为""
Alignment 属性为"2—Center"
Font 属性为"二号""黑体""加粗"
```

4．加载用于显示运算符号和运算结果的标签，并分别设置其属性

（1）加载用于显示运算符号的标签。

（2）通过属性窗口设置其属性如下：

```
Name 属性为 "Lblop"
Caption 属性为 ""
Alignment 属性为 "2—Center"
BackColor 属性为 "&H80000000&"
Font 属性为 "二号""黑体""加粗"
```

（3）加载用于显示 "=" 的标签。

（4）通过属性窗口设置其属性如下：

```
Name 属性为 "Lblequ"
Caption 属性为 "="
Alignment 属性为 "2—Center"
BackColor 属性为 "&H80000000&"
Font 属性为 "二号""黑体""加粗"
```

（5）加载用于显示运算结果的标签。

（6）通过属性窗口设置其属性如下：

```
Name 属性为 "Lblout"
Caption 属性为 ""
Alignment 属性为 "2—Center"
Font 属性为 "二号""黑体""加粗"
```

5. 加载用于进行四则运算的命令按钮控件数组，并设置其属性

（1）加载命令按钮。

（2）通过属性窗口设置其属性如下：

```
Name 属性为 "Command1"
Caption 属性为 ""
Alignment 属性为 "2—Center"
Font 属性为 "二号""黑体""加粗"
```

（3）选中并复制命令按钮 Command1。

（4）将命令按钮 Command1 粘贴到窗体 Form1 中，此时 Visual Basic 将弹出如图 9.5 所示的对话框，用于询问是否创建控件数组。

图 9.5　创建控件数组过程中弹出的对话框

（5）单击 "是（Y）" 按钮，此时步骤（1）所产生的命令按钮的属性将自动发生变化：Name 属性为 "Command1（0）"，Index 属性为 "0"；而新粘贴的命令按钮的属性自动变化：Name 属性为 "Command1（1）"，Index 属性为 "1"。

（6）调整新粘贴的命令按钮的位置。

（7）重复步骤（3）、步骤（4）、步骤（6），可以依次产生 Name 属性为 "Command1（2）"，Index 属性为 "2"；Name 属性为 "Command1（3）"，Index 属性为 "3" 和 Name 属性为 "Command1

（4）"，Index 属性为 "4" 的命令按钮。

（8）设置命令按钮组中各命令按钮的 Caption 属性依次为："+""−""*""/"和"结束"，其他属性继承了步骤（1）中加载的命令按钮的设置。

6. 编写程序代码

 程序代码

```
Private Sub Form_Load()
    Text1.Text = 12
    Text2.Text = 3
    '设置两个默认的数字
End Sub

Private Sub Command1_Click(index As Integer)
    Select Case index
    '根据选择按钮的不同，进行不同的运算和操作
        Case 0
            s = Val(Text1.Text) + Val(Text2.Text)
            '当选择"+"运算符时，将两数相加
        Case 1
            s = Val(Text1.Text) - Val(Text2.Text)
            '当选择"−"运算符时，将两数相减
        Case 2
            s = Val(Text1.Text) * Val(Text2.Text)
            '当选择"*"运算符时，将两数相乘
        Case 3
            If Val(Text2.Text) = 0 Then
            '当选择"/"运算符时，首先判断除数是否为0
                Exit Sub
                '如果除数为0，不做任何运算
            End If
            s = Val(Text1.Text) / Val(Text2.Text)
            '将两数相除
        Case 4
            End
            '当选择"结束"按钮时，关闭运算程序
    End Select
    lblop.Caption = Command1(index).Caption
    '显示所选择的运算符
    lblout.Caption = s
    '显示运算结果
End Sub
```

 ## 实验5　控件应用综合示例

 实验目标

通过实验进一步理解和掌握利用各种控件进行程序界面设计的方法和技巧。

实验内容

上机调试本实验中的"日历"程序，观察运行效果与程序代码的对应关系，并进行程序分析。

实验说明

本实验中的"日历"程序综合利用了教材第 9 章中所介绍的各种控件制作了一个日常生活中常见的日历。程序的运行界面如图 9.6 所示，其主要功能是在日历中显示目前的年、月、日和星期四个信息，单击"OK"按钮，将弹出一个显示当前日期情况的对话框，单击"Cancel"按钮将结束并退出程序。

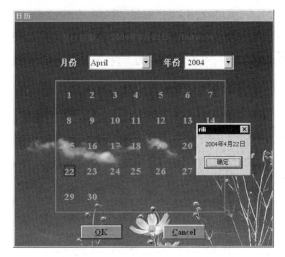

图 9.6 "日历"的运行界面

实验分析

通过对实训内容进行认真分析，并结合 Visual Basic 软件的功能及操作，我们可以将实验内容分解如下。

首先建立一个新文件；然后显示窗体，并设置其属性；接着加载用于选择月份和年份的组合框控件，并分别设置其属性；加载用于显示当前日期和提示信息的标签控件，并分别设置其属性；之后加载相关的命令按钮控件，并分别设置其属性；最后编写程序代码。

示范操作

1．建立一个新文件

2．显示窗体，并设置其属性

（1）显示窗体。

（2）通过属性窗口设置其属性如下：

```
Name 属性为 "Form1"
Caption 属性为 "日历"
BackColor 属性为 "&H80000000&"
```

3．加载用于选择月份和年份的组合框控件，并分别设置其属性

（1）加载用于选择月份的组合框控件。

（2）通过属性窗口设置其属性如下：

Name 属性为"cobmonth"
DataFormat 属性为"通用"

（3）加载用于选择年份的组合框控件。

（4）通过属性窗口设置其属性如下：

Name 属性为"cobyear"
DataFormat 属性为"通用"

（5）加载用于显示提示信息的 2 个标签控件。

（6）通过属性窗口设置其属性如下：

Name 属性分别为"Lbl(0)"和"Lbl(1)"
Caption 属性分别为"月份"和"年份"

4. 加载用于显示当前日期的标签控件，并设置其属性

（1）加载用于提示当前日期的标签控件。

（2）通过属性窗口设置其属性如下：

Name 属性为"Lbltsxx"
Caption 属性为"今天日期："

（3）加载用于显示当前日期的标签控件。

（4）通过属性窗口设置其属性如下：

Name 属性为"Lbldate"
Caption 属性为""

（5）加载用于显示当前星期的标签控件。

（6）通过属性窗口设置其属性如下：

Name 属性为"Lblday"
Caption 属性为""

5. 加载用于显示日期的标签控件，并设置其属性

（1）加载用于显示日期的 31 个标签控件。

（2）通过属性窗口设置其属性如下：

Name 属性分别为"Lbl（0）"到"Lbl（30）"
Caption 属性分别为"0"到"30"

6. 加载相关的命令按钮控件，并设置其属性

（1）加载用于显示当前日期的 2 个命令按钮控件。

（2）通过属性窗口设置其属性如下：

Name 属性分别为"Cmdok"和"Cmdcancel"
Caption 属性分别为"&OK"和"&Cancel"

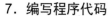

7. 编写程序代码

程序代码

```vb
Option Explicit
Dim selectedate%
'声明变量

Private Sub cbomonth_click()
    Call setday
    Call lblnumber_click(selectedate% - 1)
End Sub

Private Sub cboyear_Click()
    Static once%
    If Not once Then
    once = True
    Exit Sub
    End If
    Call cbomonth_click
End Sub

Private Sub checkdate(month1%, year1%)
    Dim i%, value%, date1$
    For i% = 28 To 32
        date1$ = (Str$(month1%) + "/" + Str$(i%) + "/" + Str$(year1%))
            If IsDate(date1$) Then
                value% = i%
            Else
                Call displaynumbers(value%)
                Exit Sub
            End If
Next i%
End Sub

Private Sub cmdcancel_Click()
    Unload Form1
End Sub

Private Sub cmdok_Click()
    Dim month1%, day1%, year1%, date1$
    day1% = selectedate%
    month1% = cbomonth.ListIndex + 1
    year1% = cboyear.ListIndex + 1960
    date1$ = (Str$(month1%) + "/" + Str$(day1%) + "/" + Str$(year1%))
    date1$ = Format$(date1$, "general date")
    '让时间以设定的格式显示
    MsgBox Format$(date1$, "long date")
End Sub
```

```vb
Private Function determinemonth%()
    Dim i%
    i% = cbomonth.ListIndex
    determinemonth% = i% + 1
    '获得所选月份
End Function

Private Function determineyear%()
    Dim i%
    i% = cboyear.ListIndex
    If i% = -1 Then Exit Function
    determineyear% = CInt(Trim(cboyear.List(i%)))
    '获得所选年份
End Function

Private Sub displaynumbers(number%)
    Dim i%
    For i% = 28 To 30
        lblnumber(i%).Visible = False
    Next i%
    For i% = 28 To number% - 1
        lblnumber(i%).Visible = True
    Next i%
End Sub

Private Sub fillcbomonth()
    cbomonth.AddItem "January"
    cbomonth.AddItem "February"
    cbomonth.AddItem "March"
    cbomonth.AddItem "April"
    cbomonth.AddItem "May"
    cbomonth.AddItem "June"
    cbomonth.AddItem "July"
    cbomonth.AddItem "August"
    cbomonth.AddItem "September"
    cbomonth.AddItem "October"
    cbomonth.AddItem "November"
    cbomonth.AddItem "December"
    '定义月份列表
End Sub

Private Sub fillcboyear()
    Dim i%
    For i% = 1960 To 2060
        cboyear.AddItem Str$(i%)
        '预置所能选的年份
    Next i%
End Sub
```

```vb
Private Sub Form_Load()
    selectedate% = CInt(Format$(Now, "dd"))
    Call fillcbomonth
    '预置所能选的月份
    Call fillcboyear
    '预置所能选的年份
    Call setdate
    '预置当前日期
    Dim r%, caption1$
    r% = Weekday(Format$(Now, "general date"))
    If r% = 1 Then
        caption1$ = "Sunday"
    End If r% = 2 Then
        caption1 = "Monday"
    End If r% = 3 Then
        caption1 = "Tuesday"
    End If r% = 4 Then
        caption1 = "Wednesday"
    End If r% = 5 Then
        caption1 = "Thursday"
    End If r% = 6 Then
        caption1 = "Friday"
    Else
        caption1 = "Saturday"
    End If
    lblday.Caption = caption1$
    '预置当前星期
End Sub
Private Sub lblnumber_click(Index As Integer)
    Dim i%
    On Error GoTo err1
    For i% = 0 To 30
        lblnumber(i%).BorderStyle = 0
    Next i%
    If lblnumber(Index).BorderStyle = 1 Then
        lblnumber(Index).BorderStyle = 0
    Else
        lblnumber(Index).BorderStyle = 1
    End If
    selectedate% = Index + 1
    Dim month1%, day1%, year1%, date1$
    day1% = selectedate%
    month1% = cbomonth.ListIndex + 1
    year1% = cboyear.ListIndex + 1960
    date1$ = (Str$(month1%) + "/" + Str$(day1%) + "/" + Str$(year1%))
    Dim r%
    Dim caption1$
    r% = Weekday(date1$)
```

```vb
        If r% = 1 Then
            caption1$ = "Sunday"
        End If r% = 2 Then
            caption1 = "Monday"
        End If r% = 3 Then
            caption1 = "Tuesday"
        End If r% = 4 Then
            caption1 = "Wednesday"
        End If r% = 5 Then
            caption1 = "Thursday"
        End If r% = 6 Then
            caption1 = "Friday"
        Else
            caption1 = "Saturday"
        End If
        lblday.Caption = caption1$
        lbldate.Caption = Format$(date1$, "long date")
        err1:
            If Err = 0 Then Exit Sub
            If Err = 13 Then
                selectedate% = selectedate% - 1
            Exit Sub
            End If
    End Sub

    Private Sub setdate()
        '由于预置时间开始于 1960, 对应的 Index 为 0
        Dim r%, i%
        r% = CInt(Format$(Now, "yyyy"))
        i% = r% - 1960
        cboyear.ListIndex = i%
        '年
        r% = CInt(Format$(Now, "mm"))
        cbomonth.ListIndex = (r% - 1)
        '月
        r% = CInt(Format$(Now, "dd"))
        lblnumber(r% - 1).BorderStyle = 1
        '日
        selectedate% = r%
    End Sub

    Private Sub setday()
        Dim month1%, year1%
        month1% = determinemonth()
        year1% = determineyear()
        Call checkdate(month1%, year1%)
    End Sub
```

第 10 章
对 话 框

 实验 1　通过输入对话框和消息对话框获取与显示信息

实验目标

通过实验了解输入对话框（InputBox）和消息对话框（MsgBox）的作用，掌握其基本用法。

实验内容

上机调试本实验所提供的程序，观察运行效果与程序代码的对应关系，并进行程序分析。

实验说明

本实验主要通过使用教材第 10 章 10.2 节介绍的"输入对话框"和 10.3 节介绍的"消息对话框"获取和显示信息。程序的运行时的消息对话框及"文本输入对话框"分别如图 10.1 和图 10.2 所示，其主要功能是在程序开始运行时首先弹出一个消息对话框，询问是否需要输入意见，如果单击"是"按钮，则弹出文本输入对话框，用于接收程序操作人员的选择（系统默认的选择为 Y），并结束程序。如果在消息对话框中单击"否"按钮，将直接结束程序。

 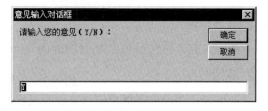

图 10.1　程序开始运行时弹出的消息对话框　　　图 10.2　单击"是"按钮时弹出的文本输入对话框

示范操作

1．建立一个新文件

2．显示窗体，并设置其属性

（1）显示窗体。

（2）通过属性窗口，设置其 Name 属性为"Form1"，其他属性取默认设置。

3. 编写程序代码

程序代码

```
Private Sub Form_Load()
  Dim Msg1, Style, Title1, Response, Msg2, Title2, M
  '声明相关变量
  Msg1 = "您是否需要输入意见？"
  '定义信息
  Style = vbYesNo + vbCritical + vbDefaultButton2
  '定义消息框中包括"是"和"否"两个按钮，且默认按钮为"否"按钮
  Title1 = "操作提示对话框"
  '定义标题
  Response = MsgBox(Msg1, Style, Title1)
  '显示消息对话框
  If Response = vbYes Then
     Msg2 = "请输入您的意见（Y/N）："
     '用户单击"是"按钮，定义提示信息
     Title2 = "意见输入对话框"
     '定义标题
     M = InputBox(Msg2, Title2, "Y", 100, 100)
     '在坐标（100，100）位置处显示输入对话框
  End If
  End
  '结束并退出程序
End Sub
```

 实验2 通过通用对话框控件创建"打开"对话框和"保存"对话框

实验目标

通过实验了解通用对话框（CommonDialog）控件的作用，掌握其基本属性的设置和用法。

实验内容

上机调试本实验所提供的"存取图像程序"，观察运行效果与程序代码的对应关系，并进行程序分析。

实验说明

"存取图像程序"通过教材第10章10.4节介绍的通用对话框控件进行打开、清除和保存图像文件的操作。程序的运行界面如图10.3所示，其主要功能分别是：单击"打开图像文件"按钮，将显示"打开"对话框，并可以从中选择并打开要打开的图像文件；单击"清除图像文件"按钮，将清除显示在图像框中的图像；单击"图像文件另存为"按钮，将显示"另存为"对话框，可以从中选择和输入文件名，并保存图像文件；单击"结束退出"按钮，将退出"存取图像程序"。

图 10.3 "存取图像程序"的运行界面

实验分析

通过对实训内容进行认真分析，并结合 Visual Basic 软件的功能及操作，我们可以将实验内容分解如下。

首先建立一个新文件；然后显示窗体，并设置其属性；接着加载用于显示图像文件的图像控件，并设置其属性；之后分别加载用于打开图像文件、清除图像文件、保存图像文件、结束退出程序的命令按钮，并分别设置其属性；加载通用对话框控件，并设置其属性；最后编写程序代码。

示范操作

1. 建立一个新文件

2. 显示窗体，并设置其属性

（1）显示窗体。
（2）通过属性窗口设置其属性如下：

```
Name 属性为 "Form1"
Caption 属性为 "存取图像程序"
```

3. 加载用于显示图像文件的图像控件，并设置其属性

（1）加载用于显示图像文件的图像控件。
（2）通过属性窗口设置其属性如下：

```
Name 属性为 "image1"
BorderStyle 属性为 "1—Fixed Single"
```

4. 加载相应的命令按钮，并分别设置其属性

（1）加载用于打开图像文件的命令按钮。
（2）通过属性窗口设置其属性如下：

```
Name 属性为 "commandopen"
Caption 属性为 "打开图像文件"
Enabled 属性为 "True"
```

（3）加载用于清除图像文件的命令按钮。
（4）通过属性窗口设置其属性如下：

```
Name 属性为 "commandclear"
Caption 属性为 "清除图像文件"
```

Enabled 属性为 "False"

（5）加载用于保存图像文件的命令按钮。

（6）通过属性窗口设置其属性如下：

Name 属性为 "commandsave"
Caption 属性为 "保存"
Enabled 属性为 "False"

（7）加载用于结束退出程序的命令按钮。

（8）通过属性窗口设置其属性如下：

Name 属性为 "commandquit"
Caption 属性为 "结束退出"
Enabled 属性为 "False"

5．加载通用对话框控件，并设置其属性

（1）将通用对话框控件工具图标添加到工具箱中。

（2）加载通用对话框控件 "cdg" 到窗体中。

（3）通过属性窗口设置其 Name 属性为 "cdg"。

6．编写程序代码

程序代码

```
Private Sub commandopen_Click()
    cdg.Filter = "Graph type(*.bmp)|*.bmp|Graph type(*.ico)|*.ico|Graph type(*.wmf)|*.wmf"
    '当单击"打开图像文件"按钮时，设置文件过滤器
    cdg.FilterIndex = 1
    '设置默认文件过滤器
    cdg.ShowOpen
    '显示"打开"对话框
    image1.Picture = LoadPicture(cdg.filename)
    '装入选中的图像文件
    commandclear.Enabled = True
    '将"清除图像文件"按钮设置为有效
    commandsave.Enabled = True
    '将"图像文件另存为"按钮设置为有效
End Sub


Private Sub commandclear_Click()
image1.Picture = LoadPicture("")
'当单击"清除图像文件"按钮时，清除图像
commandclear.Enabled = False
'将"清除图像文件"按钮设置为无效
commandsave.Enabled = False
'将"图像文件另存为"按钮设置为无效
End Sub


Private Sub commandsave_Click()
    cdg.ShowSave
```

```
        '如果单击"图像文件另存为"按钮，显示"另存为"对话框
        SavePicture image1.Picture, cdg.filename
        '则保存图像文件
End Sub

Private Sub commandquit_Click()
        End
        '当单击"结束退出"按钮时，结束并退出程序
End Sub
```

实验3   通过通用对话框控件创建"字体""颜色"和"帮助"对话框

实验目标

通过实验了解通用对话框（CommonDialog）控件的作用，掌握其基本属性的设置和用法。

实验内容

上机调试本实验所提供的"设置文字的字体和背景色程序"，观察运行效果与程序代码的对应关系，并进行程序分析。

实验说明

"设置文字的字体和背景色程序"通过教材第 10 章 10.4 节介绍的通用对话框控件进行设置文本的字体和背景色的操作，并可显示预先定义好的帮助文件。程序的运行界面如图 10.4 所示，其主要功能分别是：在文本输入框中输入文本；如果单击"字体"按钮，则显示"字体"对话框，可以通过该对话框选择并设置文本的字体属性；单击"背景色"按钮，将显示"颜色"对话框，可以通过该对话框设置文本框的背景色；单击"帮助"按钮，将显示"帮助"对话框；单击"结束"按钮，将结束并退出"设置文字的字体和背景色程序"。

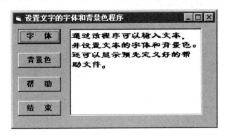

图 10.4 "设置文字的字体和背景色程序"的运行界面

实验分析

通过对实训内容进行认真分析，并结合 Visual Basic 软件的功能及操作，我们可以将实验内容分解如下。

首先建立一个新文件；然后显示窗体，并设置其属性；之后加载用于输入和显示文本的文本框，并设置其属性；加载用于打开"字体"对话框、打开"颜色"对话框、显示帮助文件、退出程序的命令按钮，并分别设置其属性；加载通用对话框控件，并设置其属性；最后

编写程序代码。

示范操作

1．建立一个新文件

2．显示窗体，并设置其属性

（1）显示窗体。

（2）通过属性窗口设置其属性如下：

Name 属性为"Form1"
Caption 属性为"设置文字的字体和背景色程序"

3．加载用于输入和显示文本的文本框，并设置其属性

（1）加载用于输入和显示文本的文本框。

（2）通过属性窗口设置其属性如下：

Name 属性为"txtdemo"
Text 属性为"通过该程序可以输入文本，并设置文本的字体和背景色。还可以显示预先定义好的帮助文件"
Multiline 属性为"True"

4．加载相关命令按钮，并分别设置其属性

（1）加载用于打开"字体"对话框的命令按钮。

（2）通过属性窗口设置其属性如下：

Name 属性为"cmdfont"
Caption 属性为"字体"
Enabled 属性为"True"
Font 属性为"黑体""粗体""10 号"

（3）加载用于打开"颜色"对话框的命令按钮。

（4）通过属性窗口设置其属性如下：

Name 属性为"cmdcolor"
Caption 属性为"背景色"
Enabled 属性为"True"
Font 属性为"黑体""粗体""10 号"

（5）加载用于显示预先定义好的帮助文件命令按钮。

（6）通过属性窗口设置其属性如下：

Name 属性为"cmdhelp"
Caption 属性为"帮助"
Enabled 属性为"True"
Font 属性为"黑体""粗体""10 号"

（7）加载用于退出程序的命令按钮。

（8）通过属性窗口设置其属性如下：

Name 属性为"cmdend"
Caption 属性为"退出"
Enabled 属性为"True"

Font 设置为"黑体""粗体""10 号"

5. 加载通用对话框控件，并设置其属性

（1）将通用对话框控件工具图标添加到工具箱中。

（2）加载通用对话框控件到窗体中，并通过属性窗口设置其 Name 属性为"cdg"。

6. 编写程序代码

程序代码

```
Private Sub cmdfont_Click()
    cdg.Flags = cdlCFBoth Or cdlCFEffects
    '当单击"字体"按钮时,
    '设置对话框选项, 使其列出可用的打印机和屏幕字体,
    '并指定对话框允许使用删除线、下画线及颜色等效果
    cdg.ShowFont
    '显示"字体"对话框
    txtdemo.Font.Name = cdg.FontName
    '设置文本框中文本的字体
    txtdemo.Font.Size = cdg.FontSize
    '设置文本框中文本的字号
    txtdemo.Font.Bold = cdg.FontBold
txtdemo.Font.Italic = cdg.FontItalic
    txtdemo.Font.Underline = cdg.FontUnderline
    txtdemo.Font.Strikethru = cdg.FontStrikethru
    '设置文本框中文本的样式
    txtdemo.ForeColor = cdg.Color
    '设置文本框中文本的颜色
End Sub


Private Sub cmdcolor_Click()
    cdg.ShowColor
    '当单击"背景色"按钮时, 显示"颜色"对话框
    txtdemo.BackColor = cdg.Color
    '设置文本框的背景色
End Sub


Private Sub cmdhelp_Click()
    cdg.HelpFile = "d:\program Files\DevStudio\VB\help\dataform.HLP"
    '当单击"帮助"按钮时,
    '设置帮助文件驱动器名、目录名及名称
    cdg.HelpCommand = cdlHelpContents
    '显示 Visual Basic 帮助目录主题
    cdg.ShowHelp
    '显示"帮助"对话框
End Sub


Private Sub cmdend_Click()
    End
    '如果单击"结束"按钮, 则退出并结束程序
End Sub
```

第 11 章
菜单设计

实验　通过菜单编辑器设计菜单

实验目标

通过实验了解菜单编辑器的作用，掌握通过菜单编辑器设计菜单的步骤、方法和技巧，以及菜单选项的 Click 事件响应代码的编写。

实验内容

上机调试"绘制几何图形程序"，观察运行效果与程序代码的对应关系，并进行程序分析。

实验说明

"绘制几何图形程序"通过教材第 11 章介绍的菜单设计的方法和步骤，创建一系列菜单；通过选择各菜单选项可以在窗体中显示不同类型的几何图形。程序的运行界面如图 11.1 所示，其主要功能是通过菜单或相应的快捷键可以选择不同几何图形的形状和边线，并通过窗体进行显示。在窗体中右击后，将弹出如图 11.2 所示的快捷菜单，该菜单的各选项分别对应各主要菜单选项。快捷菜单的最后一项对当前显示的几何图形进行了简单的描述。同时，在选中的快捷菜单选项前，还设置了复选标记。

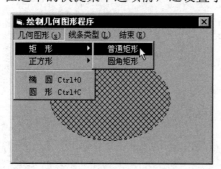

图 11.1　"绘制几何图形程序"的运行界面

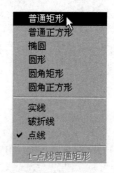

图 11.2　在窗体中右击后所弹出的快捷菜单

实验分析

通过对实训内容进行认真分析，并结合 Visual Basic 软件的功能及操作，我们可以将实验内容分解如下。

首先建立一个新文件；然后显示窗体，并设置其属性；之后加载用于显示几何图形的形状控件，并设置其属性；接着通过菜单编辑器设置菜单及其选项；最后编写程序代码。

示范操作

1. 建立一个新文件

2. 显示窗体，并设置其属性

（1）显示窗体。

（2）通过属性窗口设置其属性如下：

```
Name 属性为"Form1"
Caption 属性为"绘制几何图形程序"
BackColor 属性为"&H80000000&"
```

3. 加载用于显示几何图形的形状控件，并设置其属性

（1）加载用于显示几何图形的形状控件。

（2）通过属性窗口设置其属性如下：

```
Name 属性为"Shape1"
Visible 属性为"False"
```

4. 通过菜单编辑器设置菜单及其选项

具体方法和步骤请参见教材第 11 章"菜单设计"，各菜单及其选项的具体设置如下表所示。

菜单项标题名即标题（Caption）属性	菜单级别	名称（Name）属性	索引（Index）属性	按键	复选（Checked）属性	有效（Enabled）属性	可见（Visible）属性	备注
几何图形（&S）	标题	mnushp						
矩形	一级	mnuRec						
普通矩形	二级	mnuRectangle						
圆角矩形		mnuRounRect		无				
正方形	一级	mnuSqu						未使用控件数组
普通正方形	二级	mnuSquare	无		空	√	√	
圆角正方形		mnuRounSqu						
—	一级	mnuK						
椭圆	一级	mnuOval		Ctrl+O				
圆形	一级	mnuCircle		Ctrl+C				
线条类型（&L）	标题	mnuline	无					
实线（Solid）			0					控件数组
破折线（Dash）	一级	mnuStyle	1	无	空	√	√	
点线（Dot）			2					
结束（&E）	标题	mnuEnd	无	无	空	√	√	
快捷菜单	标题	mnupop	无	无	空	√	空	
普通矩形			0					
普通正方形			1					
椭圆		mnuShape1	2					控件数组
圆形			3					
圆角矩形			4			√		
圆角正方形	一级		5	无	空			
—		mnuK1	无					
实线			0					
破折线		mnuStyle1	1					数组
点线			2					
分隔条		mnuList	0				空	数组

其中，快捷菜单 mnupop 由 mnuShape1、mnuStyle1 和 mnuList 三个菜单控件数组组成。

5．编写程序代码

【程序代码】

```
Dim Chk As Integer, Chk1, Chk2 As Integer, mnuS, mnuL As String
'定义相关变量
'变量 Chk 表示控件数组 mnuList 中的当前索引（Index）值；
'变量 Chk1 表示控件数组 mnuShape1 中的当前索引（Index）值；
'变量 Chk2 表示控件数组 mnuStyle1 中的当前索引（Index）值；
'变量 mnuS 用于保存在"几何图形"菜单中选中的几何图形的名称；
'变量 mnuL 用于保存在"线条类型"菜单中选中的线条类型的名称；

Private Sub Form1_Load()
    Chk1 = 0
    Chk2 = 0
    Chk = 0
    mnuS = ""
    mnuL = ""
    '装入窗体时对有关变量进行初始化设置
End Sub

Private Sub mnuRectangle_Click()
    Shape1.Shape = 0
    Shape1.Visible = True
    mnuS = "普通矩形"
    '如果选择"几何图形"菜单中的"矩形"选项，
    '进而选择"普通矩形"选项，则在窗体中显示一个普通矩形
End Sub

Private Sub mnuRounRect_Click()
    Shape1.Shape = 4
    Shape1.Visible = True
    mnuS = "圆角矩形"
    '如果选择"几何图形"菜单中的"矩形"选项，
    '进而选择"圆角矩形"选项，则在窗体中显示一个圆角矩形
End Sub

Private Sub mnuSquare_Click()
    Shape1.Shape = 1
    Shape1.Visible = True
    mnuS = "普通正方形"
    '如果选择"几何图形"菜单中的"正方形"选项，
    '进而选择"普通正方形"选项，则在窗体中显示一个普通正方形
End Sub

Private Sub mnuRounSqu_Click()
    Shape1.Shape = 5
    Shape1.Visible = True
```

```
    mnuS = "圆角正方形"
    '如果选择"几何图形"菜单中的"正方形"选项,
    '进而选择"圆角正方形"选项,则在窗体中显示一个圆角正方形
End Sub

Private Sub mnuOval_Click()
    Shape1.Shape = 2
    Shape1.Visible = True
    mnuS = "椭圆"
    '如果选择"几何图形"菜单中的"椭圆"选项,则在窗体中显示一个椭圆
End Sub

Private Sub mnuCircle_Click()
    Shape1.Shape = 3
    Shape1.Visible = True
    mnuS = "圆形"
    '如果选择"几何图形"菜单中的"圆形"选项,则在窗体中显示一个圆形
End Sub

Private Sub mnuStyle_Click(Index As Integer)
    Shape1.BorderStyle = Index + 1
    '根据从"线条类型"菜单中选择的选项在菜单控件数组中所对应的索引值,
    '确定几何图形的边框类型
    mnuStyle1(Chk2).Checked = False
    '设置快捷菜单中的复选标记为无效
    Chk2 = Index
    mnuL = mnuStyle(Index).Caption
    '将"线条类型"菜单中选中的菜单选项的 Caption 属性取值
    '(线条类型的名称)保存在 mnuL 变量中
End Sub

Private Sub mnuEnd_Click()
    End
    '如果选择"结束"菜单项,则结束并退出程序
End Sub

Private Sub Form_MouseUp(Button As Integer, Shift As Integer, X As Single, Y As Single)
    If Shape1.Visible = True Then
        mnuList(0).Visible = True
        mnuStyle1(Chk2).Checked = True
    End If
    '如果已经有几何图形显示在窗体中,则在快捷菜单的最后显示一个分隔条,
    '并在选中的线条类型前加上复选标记
    If Chk = 0 Then
        Chk = Chk + 1
        Load mnuList(1)
    End If
    '如果 Chk = 0,即 mnuList 菜单数组中只有一个元素,
```

```
            '则该元素的 Caption 属性为"1-"，即该菜单选项是一个分隔条，
            '则利用控件数组的形式，在快捷菜单中动态添加一个菜单项，
            '用来描述当前显示的几何图形及其边线类型
        If Button = 2 Then
            mnuS = mnuShape1(Chk1).Caption
            mnuL = mnuStyle1(Chk2).Caption
            mnuList(1).Caption = "1-" + mnuL + mnuS
            mnuList(1).Enabled = False
            '判断是否右击，如果鼠标右击，则弹出快捷菜单，
            '并在该菜单的最后一项显示描述当前显示的几何图形
            '及其边线类型的菜单项，
            '同时将其设置为不可操作状态
            PopupMenu mnupop
            '弹出快捷菜单 mnupop，
            '其中包含 mnuShape1、mnuStyle1 和 mnuList 三个菜单控件数组
        End If
End Sub


Private Sub mnuShape1_Click(Index As Integer)
        Shape1.Shape = Index
        Shape1.Visible = True
        mnuS = mnuShape1(Index).Caption
        Chk1 = Index
        '在快捷菜单中选择图形，并按照选定的形状显示几何图形
End Sub


Private Sub mnuStyle1_Click(Index As Integer)
        mnuStyle1(Chk2).Checked = False
        '设置快捷菜单的复选标记为无效
        Shape1.BorderStyle = Index + 1
        Chk2 = Index
        mnuL = mnuStyle1(Index).Caption
        '在快捷菜单中选择线条类型，并按照选定的线条类型显示几何图形的边线
End Sub
```

第12章
工具条设计

实验1 手工创建工具条

实验目标

通过实验了解工具条的作用，掌握手工创建工具条的步骤和方法。

实验内容

上机调试"设置文本样式程序"，观察运行效果与程序代码的对应关系，并进行程序分析。

实验说明

"设置文本样式程序"通过教材第12章12.2节介绍的手工创建工具条的方法和步骤，创建一个简单的工具条，并对各工具按钮的属性和响应事件进行设置。程序的运行界面如图12.1所示，其主要功能是在文本框中输入文本，通过工具条中的工具按钮可以分别设置文本的样式为粗体、斜体和带下画线。其中，各工具按钮均为开关设置，即通过单击相应的按钮，既可以设置文本的样式，也可以取消相应的样式设置。

图12.1 "设置文本样式程序"的运行界面

实验分析

通过对实训内容进行认真分析，并结合 Visual Basic 软件的功能及操作，我们可以将实验内容分解如下。

首先建立一个新文件；然后显示窗体，并设置其属性；之后加载用于装载工具按钮的图片框控件，并设置其属性；再加载用于显示工具按钮的图像控件，并分别设置其属性；接着加载用于输入和显示文本的文本框，并设置其属性；最后编写程序代码。

示范操作

1. 建立一个新文件

2. 显示窗体，并设置其属性

（1）显示窗体。

（2）通过属性窗口设置其属性如下：

Name 属性为"Form1"

Caption 属性为"设置文本样式程序"
BackColor 属性为"&H80000000&"

3．加载用于装载工具按钮的图片框控件，并设置其属性

（1）加载用于装载工具按钮的图片框控件。

（2）调整其大小。

（3）通过属性窗口设置其 Name 属性为"Picture1"。

4．加载用于显示工具按钮的图像控件，并分别设置其属性

（1）加载用于显示"加粗"工具按钮的图像控件。

（2）通过属性窗口设置其属性如下：

Name 属性为"Image1"
ToolTipText 属性为"加粗"

通过剪贴板为其图像（Picture）属性加载图片。

（3）加载用于显示"斜体"工具按钮的图像控件。

（4）通过属性窗口设置其属性如下：

Name 属性为"Image2"
ToolTipText 属性为"斜体"

通过剪贴板为其图像（Picture）属性加载图片。

（5）加载用于显示"下画线"工具按钮的图像控件。

（6）通过属性窗口设置其属性如下：

Name 属性为"Image3"
ToolTipText 属性为"下画线"

通过剪贴板为其 Picture 属性加载图片。

5．加载用于输入和显示文本的文本框，并设置其属性

（1）加载用于输入和显示文本的文本框。

（2）通过属性窗口设置其属性如下：

Name 属性为"Text1"
MultiLine 属性为"True"
Scrollbars 属性为"3—Both"
Text 属性为"请设置文本样式"

6．编写程序代码

 程序代码

```
Private Sub Form1_Load()
    Text1.FontBold = False
    Text1.FontItalic = False
    Text1.FontUnderline = False
    '设置文本框中的文本为常规样式
End Sub


Private Sub Image1_Click()
```

```
      If Text1.FontBold = True Then
      '如果单击"粗体"工具按钮,则判断文本是否已经被设置为粗体
         Text1.FontBold = False
          '如果文本已经被设置为粗体,则取消粗体设置
      Else
         Text1.FontBold = True
          '否则,将文本设置为粗体
      End If
  End Sub

  Private Sub Image2_Click()
      If Text1.FontItalic = True Then
      '如果单击"斜体"工具按钮,则判断文本是否已经被设置为斜体
         Text1.FontItalic = False
          '如果文本已经被设置为斜体,则取消斜体设置
      Else
         Text1.FontItalic = True
          '否则,将文本设置为斜体
      End If
  End Sub

  Private Sub Image3_Click()
      If Text1.FontUnderline = True Then
      '如果单击"下画线"工具按钮,则判断文本是否已经被设置为带下画线
         Text1.FontUnderline = False
          '如果文本已经被设置为带下画线,则取消下画线设置
      Else
         Text1.FontUnderline = True
          '否则,将文本设置为带下画线
      End If
  End Sub
```

 ## 实验 2　通过工具条控件创建工具条

实验目标

通过实验了解工具条的作用,掌握通过工具条控件(ToolBar)创建工具条的步骤和方法。

实验内容

上机调试"设置文本样式程序",观察运行效果与程序代码的对应关系,并进行程序分析。

实验说明

"设置文本样式程序"依据教材第 12 章 12.3 节介绍的通过工具条控件(ToolBar)创建工具条的方法和步骤,创建与第 12 章实验 1 功能相同的工具条,并对各工具按钮的属性和响应事件进行设置。程序的运行界面如图 12.2 所示。

图 12.2　"设置文本样式程序"的运行界面

实验分析

通过对实训内容进行认真分析，并结合 Visual Basic 软件的功能及操作，我们可以将实验内容分解如下。

首先建立一个新文件；然后显示窗体，并设置其属性；之后利用工具条控件创建一个工具条；接着加载用于输入和显示文本的文本框，并设置其属性；最后编写程序代码。

示范操作

1．建立一个新文件

2．显示窗体，并设置其属性

（1）显示窗体。

（2）通过属性窗口设置其属性如下：

```
Name 属性为"Form1"
Caption 属性为"设置文本样式程序"
BackColor 属性为"&H80000000&"
```

3．利用工具条控件创建一个工具条

（1）将工具条控件加载到工具箱中（具体方法请参阅教材第 12 章 12.3 节"工具条控件"）。

（2）在窗体中加载用于装载工具按钮的工具条控件 Toolbar1（具体方法请参阅教材第 12 章 12.4 节"工具条控件"），并通过属性窗口设置其属性如下：

```
Name 属性为"Toolbar1"
BorderStyle 属性为"1—ccFixedSingle"
```

（3）为工具条加载三个工具按钮（"粗体""斜体""下画线"），并分别设置其属性如下：

```
Index（索引）属性分别为"1""2""3"
Key（关键字）属性分别为"ct""xt""xhx"
ToolTipText（工具提示文本）属性分别为"粗体""斜体""下画线"
```

（4）加载用于装载工具按钮的图像列表控件 ImageList1（具体方法请参阅教材第 12 章 12.3 "工具条控件"），并通过属性窗口设置其属性如下：

```
Name 属性为"ImageList3"
```

通过图像列表控件属性页的"插入图片"按钮选择插入三个图片，并将图片的索引（Index）属性分别设置为"1""2"和"3"。

（5）建立工具条 Toolbar1 和图像列表控件 ImageList1 的关联关系（具体方法请参阅教材第 12 章 12.4 节"工具条控件"）。

（6）从 ImageList 的图像库中选择图像载入工具条按钮。

4. 加载用于输入和显示文本的文本框，并设置其属性

（1）加载用于输入和显示文本的文本框。

（2）通过属性窗口设置其属性如下：

Name 属性为 "Text1"
MultiLine 属性为 "True"
Scrollbars 属性为 "3—Both"
Text 属性为 "请选择文本样式"

5. 编写程序代码

程序代码

```
Private Sub Form1_Load()
    Text1.FontBold = False
    Text1.FontItalic = False
    Text1.FontUnderline = False
    '设置文本框中的文本为常规样式
End Sub

Private Sub Toolbar1_ButtonClick(ByVal Button As ComctlLib.Button)
    Select Case Button.Key
    '根据单击的按钮，判断需要设置的文本样式
      Case Is = "ct"
          '单击"粗体"工具按钮
          If Text1.FontBold = True Then
             Text1.FontBold = False
             '如果文本已经被设置为粗体，则取消粗体设置
          Else
             Text1.FontBold = True
             '否则，将文本设置为粗体
          End If
      Case Is = "xt"
          '单击"斜体"工具按钮
          If Text1.FontItalic = True Then
             Text1.FontItalic = False
             '如果文本已经被设置为斜体，则取消斜体设置
          Else
             Text1.FontItalic = True
             '否则，将文本设置为斜体
          End If
      Case Is = "xhx"
          '单击"下画线"工具按钮
          If Text1.FontUnderline = True Then
             Text1.FontUnderline = False
      '如果文本样式已经被设置为带下画线，则取消下画线设置
          Else
             Text1.FontUnderline = True
      '否则，将文本样式设置为带下画线
          End If
    End Select
End Sub
```

第13章
文 件 操 作

 实验　文件的常用操作

实验目标

通过实验了解文件的常用操作。

实验内容

上机调试本实验所提供的程序代码，观察运行效果与程序代码的对应关系，并进行程序分析。

实验说明

本实验通过教材第 13 章中介绍的文件操作的有关内容来完成。程序的运行界面如图 13.1 所示，其主要功能是：在程序开始运行时，如果单击"打开文件"按钮，则打开文件"C:\test.txt"，并在文本框中显示相关文件的长度；如果单击"从文件中读一行数据"按钮，则将从文件中逐行读出数据，并显示在文本框中，若到达文件尾，则显示信息"已到文件尾！"；如果单击"关闭文件"按钮，则关闭文件"C:\test.txt"，并在文本框中显示相关信息。

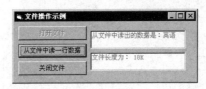

图 13.1　"文件操作示例"的运行界面

实验分析

通过对实训内容进行认真分析，并结合 Visual Basic 软件的功能及操作，我们可以将实验内容分解如下。

首先建立一个新文件；然后显示窗体，并设置其属性；之后加载相关的命令按钮，并分别设置其属性；再加载用于显示提示信息的文本框控件，并设置其属性；还加载用于显示文件长度的文本框控件，并设置其属性；接着建立一个文本文件；最后编写程序代码。

示范操作

1. 建立一个新文件

2. 显示窗体，并设置其属性

（1）显示窗体。

（2）通过属性窗口设置其属性如下：

```
Name 属性为"Form1"
Caption 属性为"文件操作示例"
```

3. 加载相关的命令按钮，并分别设置其属性

（1）加载用于打开文件的命令按钮。

（2）通过属性窗口设置其属性如下：

```
Name 属性为"Command1"
Caption 属性为"打开文件"
```

（3）加载用于从文件中读一行数据的命令按钮。

（4）通过属性窗口设置其属性如下：

```
Name 属性为"Command2"
Caption 属性为"从文件中读一行数据"
```

（5）加载用于关闭文件的命令按钮。

（6）通过属性窗口设置其属性如下：

```
Name 属性为"Command3"
Caption 属性为"关闭文件"
```

4. 加载用于显示提示信息的文本框控件，并设置其属性

（1）加载用于显示提示信息的文本框控件。

（2）通过属性窗口设置其属性如下：

```
Name 属性为"Text1"
Text 属性为""
```

5. 加载用于显示文件长度的文本框控件，并设置其属性

（1）加载用于显示文件长度的文本框控件。

（2）通过属性窗口设置其属性如下：

```
Name 属性为"Text2"
Text 属性为""
```

6. 建立一个文本文件

（1）通过记事本等文本编辑器建立一个文本文件，其文件名及其路径为"C:\test.txt"。

（2）在文件中输入如下内容：

```
"英语
语文
数学"
```

（3）保存并关闭文件。

7. 编写程序代码

程序代码

```
Private Sub Form_Load()
    Command2.Enabled = False
```

```
        Command3.Enabled = False
        Command1.Enabled = True
        Text1.Enabled = False
        Text2.Enabled = False
        '加载窗体时，对相应控件进行初始化设置
    End Sub

    Private Sub Command1_Click()
        Open "C:\test.txt" For Input As #1
        '如果单击"打开文件"按钮，则以"Input"方式打开文件"C:\test.txt"
        Text1.Text = "文件 C:\test.txt 已被打开！"
        '在文本框中显示相关信息
        Text2.Text = "文件长度为："+ Str(FileLen("c:\test.txt")) + "K"
        '在文本框中显示文件长度
        Command1.Enabled = False
        '设置"打开文件"按钮为无效
        Command2.Enabled = True
        '设置"从文件中读一行数据"按钮为有效
        Command3.Enabled = True
        '设置"关闭文件"按钮为有效
    End Sub

    Private Sub Command2_Click()
        Dim NLine As String
        '如果单击"从文件中读一行数据"按钮，
        '则定义一个用来存储从文件中读出的数据的变量
        If EOF(1) Then
            Command2.Enabled = False
            Text1.Text = "已到文件尾！"
            '如果到达文件尾，则将"从文件中读一行数据"按钮设置为无效，
            '并显示相关信息
        Else
            Line Input #1, NLine
            Text1.Text = "从文件中读出的数据是："+ NLine
            '如果未到文件尾，则从文件中读一行数据，
            '并将读出的数据显示在文本框中
        End If
    End Sub

    Private Sub Command3_Click()
        Close
        Text1.Text = "文件 C:\test.txt 已被关闭！"
        Text2.Text = ""
        '如果单击"关闭文件"按钮，则关闭文件，并显示相关信息
        Command1.Enabled = False
        '设置"打开文件"按钮为无效
        Command3.Enabled = False
        '设置"从文件中读一行数据"按钮为无效
        Command3.Enabled = True
        '设置"关闭文件"按钮为有效
    End Sub
```

第14章
打　印

实验　通过 Printer 对象进行打印

实验目标

通过实验了解通过 Printer 对象进行打印的方法。

实验内容

上机调试本实验所提供的程序代码，观察运行效果与程序代码的对应关系，并进行程序分析。

实验说明

本实验通过教材第 14 章介绍的打印的有关内容来完成。"打印示例"程序的运行界面如图 14.1 所示，其主要功能是：在程序运行时，可以在文本框中输入文本信息；如果单击"清除"按钮，则清除文本框中的内容；如果单击"打印"按钮，则弹出如图 14.2 所示的"打印提示"对话框，此时单击对话框中的"是"按钮，则将文本框中的内容输出到打印机；如果单击"否"按钮，则取消打印，并关闭对话框；如果打印机出错，则弹出如图 14.3 所示的"打印错误提示"对话框；如果"打印示例"的运行界面中单击"结束"按钮，则结束程序并关闭界面。

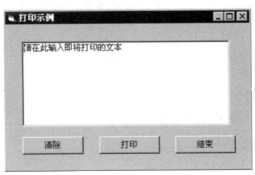

图 14.1　"打印示例"的运行界面

图 14.2　"打印提示"对话框

图 14.3　"打印错误提示"对话框

🔘 实验分析

通过对实训内容进行认真分析，并结合 Visual Basic 软件的功能及操作，我们可以将实验内容分解如下。

首先建立一个新文件；然后显示窗体，并设置其属性；接着加载用于显示和输入要打印的信息的文本框控件，并设置其属性；之后加载相关的命令按钮控件，并分别设置其属性；最后编写程序代码。

🔘 示范操作

1．建立一个新文件

2．显示窗体，并设置其属性

（1）显示窗体。

（2）通过属性窗口设置其属性如下：

> Name 属性为"Form1"
> Caption 属性为"打印示例"

3．加载用于显示和输入要打印的信息的文本框控件，并设置其属性

（1）加载用于显示和输入要打印的信息的文本框控件。

（2）通过属性窗口设置其属性如下：

> Name 属性为"Text1"
> Text 属性为"请在此输入即将打印的文本"

4．加载相关的命令按钮控件，并分别设置其属性

（1）加载用于清除文本框信息的命令按钮控件。

（2）通过属性窗口设置其属性如下：

> Name 属性为"Command1"
> Caption 属性为"清除"

（3）加载用于打印文本框信息的命令按钮控件。

（4）通过属性窗口设置其属性如下：

> Name 属性为"Command2"
> Caption 属性为"打印"

（5）加载用于结束并退出程序的命令按钮控件。

（6）通过属性窗口设置其属性如下：

> Name 属性为"Command3"
> Caption 属性为"结束"

5．编写程序代码

🔘 程序代码

```
Private Sub Command1_Click()
    Text1.Text = ""
    '如果单击"清除"按钮，则清除文本框的内容
```

```vb
End Sub

Private Sub Command2_Click()
    Dim Answer
    '如果单击"打印"按钮，则首先声明变量
    On Error GoTo ErrorHandler
    '设置打印错误处理程序
    Answer = MsgBox("开始打印吗？", vbYesNo + vbCritical, "打印提示")
    '弹出包括"是"与"否"两个按钮的提示对话框
    If Answer = vbYes Then
        Printer.CurrentX = Printer.ScaleWidth / 2
        Printer.CurrentY = Printer.ScaleHeight / 2
        '如果单击"是"按钮，设置开始打印的位置
        Printer.Print Text1.Text
        '将文本框中的文本输出到 Printer 对象当中
        Printer.EndDoc
        '将文本框中的文本输出到打印机
        MsgBox "您的文本打印完毕！"
        '提示信息打印完毕
    End If
    Exit Sub
ErrorHandler:
    MsgBox "打印机错误！", vbCritical, "打印错误提示"
    '如果打印机发生错误，则弹出对话框进行提示
    Exit Sub
    '退出打印过程
End Sub

Private Sub Command3_Click()
    End
    '如果单击"结束"按钮，则结束并关闭程序
End Sub
```

第 15 章
数据库的链接与应用

 实验 用 DATA 控件建立简单的数据库应用系统

实验目标

熟悉 DATA 控件的使用,提高 Visual Basic 综合编程能力。

实验内容

上机调试本实验所提供的程序代码,观察运行效果与程序代码的对应关系,并进行程序分析。

实验说明

本实验通过教材第 15 章中介绍的数据库的链接与应用的有关内容来完成。程序的运行界面如图 15.1 所示,其主要功能是:建立一个私人通信录,并具有定时提醒功能,还可以将私人通信录、定时提醒簿的内容单独存储到不同的数据库表中;要求程序在多文档界面方式下运行,且系统主界面、私人通信录界面、定时提醒簿界面分别具有不同的菜单。

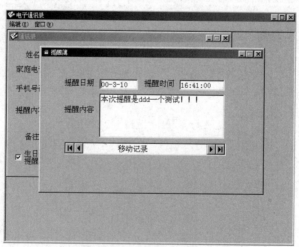

图 15.1 私人通信录、定时提醒簿的运行界面

实验分析

通过对实训内容进行认真分析,并结合 Visual Basic 软件的功能及操作,我们可以将实验内容分解如下。

首先建立一个数据库,并在数据库中建立两个数据库表;然后建立一个多文档窗体;为主窗体加载控件加载 2 个 DATA 和 1 个 TIMER 控件，并分别设置其属性；为主窗体建立菜单系统；为"通信录"窗体加载控件，并分别设置其属性；为"通信录"窗体建立菜单系统；为"提醒簿"窗体加载控件，并分别设置其属性；为"提醒簿"窗体建立菜单系统；为"关于"窗体加载控件，并分别设置其属性；最后编写程序代码。

示范操作

1. 建立 txl.mdb 数据库

在数据库中建立两个数据库表：friend 和 awake。

friend 数据库表：

数据库项目	类　型	长　度	说　明
ID	系列型	—	ID 号
XM	字符型	6	人员的姓名
XB	字符型	2	人员的性别
CSRQ	日期型	8	人员的出生日期
DH（H）	字符型	20	家庭电话
DH（O）	字符型	20	单位电话
DH（SJ）	字符型	15	手机电话
TXNR	字符型	50	输出提醒信息内容
BZ	字符型	50	备注项
YN1	字符型	1	标注位 1
YN2	字符型	1	标注位 2

awake 数据库表：

数据库项目	类　型	长　度	说　明
ID	系列型	—	ID 号
TXNR	字符型	50	输出提醒信息内容
TXRQ	日期型	8	提醒日期
TXSJ	时间型	8	提醒时间
YN	字符型	1	提醒标注

2. 建立一个多文档窗体

（1）在 Visual Basic 编程环境中选择"工程"菜单中的"添加 MDI 窗体"选项，建立主窗体 MDIform1。

（2）按照第 2 章实验的方法分别建立"通信录"窗体 Form_txl、"提醒簿"窗体 Form_txb 和"关于"窗体 Form1。

3. 为主窗体 MDIform1 加载控件，并设置其属性

（1）加载 DATA 控件 DATA2，并通过属性窗口设置其属性如下：

```
DatabaseName 属性为"D:\VB 教材\上机指导\示例程序\通信录\ txl.mdb"
RecordSource 属性为"friend"
```

（2）加载 DATA 控件 DATA3，并通过属性窗口设置其属性如下：

DatabaseName 属性为"D:\VB 教材\上机指导\示例程序\通信录\ txl.mdb"
RecordSource 属性为"awake"

（3）加载 TIMER 控件，并通过属性窗口设置其属性如下：

Interval 属性为"0"

4．为主窗体 MDIform1 建立菜单系统

详细情况如下表所示。

菜单内容	子菜单内容	说　明
系统		系统菜单
	隐含窗口	使程序不在任务栏中显示
	退出系统	退出程序，不再进行任何提醒工作
窗口		用于切换窗口的菜单
	通信录	切换到通信录窗口
	提醒簿	切换到提醒簿窗口
帮助		帮助菜单
	帮助主题	程序的帮助信息
	关于	程序的设计信息

5．为"通信录"窗体 Form_txl 加载控件，并设置其属性

标签控件 Label1：Caption 属性为"姓名"
标签控件 Label2：Caption 属性为"性别"
标签控件 Label3：Caption 属性为"出生日期"
标签控件 Label4：Caption 属性为"家庭电话"
标签控件 Label5：Caption 属性为"单位电话"
标签控件 Label6：Caption 属性为"手机号码"
标签控件 Label7：Caption 属性为"提醒内容"
标签控件 Label8：Caption 属性为"备注"
文本框控件 Text1：DataSourse 属性为"DATA1"，DataField 属性为"XM"
文本框控件 Text2：DataSourse 属性为"DATA1"，DataField 属性为"XB"
文本框控件 Text3：DataSourse 属性为"DATA1"，DataField 属性为"CSRQ"
文本框控件 Text4：DataSourse 属性为"DATA1"，DataField 属性为"DH（H）"
文本框控件 Text5：DataSourse 属性为"DATA1"，DataField 属性为"DH（O）"
文本框控件 Text6：DataSourse 属性为"DATA1"，DataField 属性为"DH（SJ）"
文本框控件 Text7：DataSourse 属性为"DATA1"，DataField 属性为"TXNR"
文本框控件 Text8：DataSourse 属性为"DATA1"，DataField 属性为"BZ"
复选框控件 CHECK1：DataSourse 属性为"DATA1"，DataField 属性为"YN1"
DATA 控件 DATA1：DatabaseName 属性为"D:\VB 教材\上机指导\示例程序\通信录\txl.mdb"，CONNECT 属性为"Access"，RecordSourse 属性为"friend"，Caption 属性为"移动记录"

6．为"通信录"窗体 Form_txl 建立菜单系统

详细情况如下表所示。

菜单内容	子菜单内容	说　明
编辑		编辑修改数据库中的内容
	增加	向数据库中增加记录
	删除	删除数据库中的记录
	保存	修改内容后进行保存
	查找	查找私人通信录中的人员
窗口		控制窗口切换
	通信录	切换到通信录窗口
	主窗口	切换到主窗口

7. 为"提醒簿"窗体 Form_txb 加载控件，并设置其属性

标签控件 Label1：Caption 属性为"提醒日期"
标签控件 Label2：Caption 属性为"提醒时间"
标签控件 Label3：Caption 属性为"提醒内容"
文本框控件 Text1：DataSourse="TXB"，DataField="TXRQ"
文本框控件 Text2：DataSourse="TXB"，DataField="TXSJ"
文本框控件 Text3：DataSourse="TXB"，DataField="TXNR"
DATA 控件 TXB：DatabaseName="D:\VB教材\上机指导\示例程序\通信录\txl.mdb"，Connect=
"Access"，RecordSourse="awake"，Caption="移动记录"

8. 为"提醒簿"窗体 Form_txb 建立菜单系统

详细情况如下表所示。

菜单内容	子菜单内容	说　明
编辑		编辑修改数据库中的内容
	增加	向数据库中增加记录
	删除	删除数据库中的记录
	保存	修改内容后进行保存
窗口		控制窗口切换
	通信录	切换到通信录窗口
	主窗口	切换到主窗口

9. 为"关于"窗体 Form1 加载控件，并设置其属性

标签控件 Label1：Caption 属性为"学习 VB，掌握未来！"
标签控件 Label2：Caption 属性为"VB 上机指导编写组"
命令按钮空间 Command1：Caption 属性为"确定"

10. 编写程序代码

程序代码

1. 主窗体 MDIform1 所对应的程序

```
Private Sub about_Click()
'"关于"菜单的事件处理程序,
    Form1.Show
    '单击"关于"菜单，显示"关于"窗体
End Sub
```

```
Private Sub MDIForm_Initialize()
'主窗口 MDIForm1 的初始化事件处理程序，作用是在系统启动时自动启动定时器
    Timer1.Interval = 1000
    '设置定时器的触发时间间隔为 1 秒
End Sub


Private Sub ys_Click(Index As Integer)
'"隐含窗口"菜单事件处理程序
    MDIform1.Hide
    '隐含窗口
    DATA2.Recordset.MoveFirst
    '将 DATA2（绑定到 friend 数据库表）移动到第一条记录
    While NotDATA2.Recordset.EOF
    '循环开始，这个循环用于将所有 YN2 重新设置为1,
    '目的是将"不同意"第二次提醒的选项，重新设置为"同意"，以备下次提醒使用
        DATA2.Recordset.Edit
        '开始对 DATA2 的修改
        DATA2.Recordset.Fields("YN2") = 1
        '将标志 2 设为 "1"
        DATA2.Recordset.Update
        '确认对 DATA2 的修改
        DATA2.Recordset.MoveNext
        '向下移动记录指针
    Wend
    '循环结束
End Sub


Private Sub tc_Click()
'"退出系统"菜单事件处理程序
    YN = MsgBox("退出后将不再提醒任何信息，确实要退出通信录吗？", _
        vbYesNo + vbQuestion, "退出通信录")
    If YN = 6 Then
    '如果还要退出
        Timer1.Interval = 0
        '关闭定时器
        End
        '关闭程序
    End If
End Sub


Private Sub Timer1_Timer()
'定时器 1 的事件处理程序,
'定时器 1 的目的是每秒检测一次是否存在需要提醒的事项，如果有，马上进行提醒。
    DATA2.Refresh
    '对 DATA2 控件进行刷新，DATA2 控件绑定在 friend 表上。
    DATA2.Recordset.MoveFirst
    '将指针移动到第一条记录
```

```
While NotDATA2.Recordset.EOF
'启动循环，目的是查找每一条符合条件的记录
   Rq1 =DATA2.Recordset.Fields("csrq")
   '设置变量 RQ1 等于数据库中的出生日期
   Rq2 = Date
   '设置变量 RQ2 等于当前的时间
   If rq1=rq2 AndDATA2.Recordset.Fields("YN1") AndDATA2.Recordset.Fields("YN2") Then
   '如果 RQ1=RQ2，即数据库中的出生日期等于当前的时间，
   '同意进行生日提醒，同时重复提醒标志为1
      txnr = " " &DATA2.Recordset.Fields("txnr")
      '那么将变量 TXNR 设置为数据库中的提醒内容
      YN = MsgBox(txnr + "    " + "还进行第二次提醒吗？", vbYesNo, "生日提醒")
      '显示提醒信息，同时提示用户是否还希望进行第二次提醒，
      '以备忘记，将"是"与"否"的信息赋值给变量 YN
      If YN = 7 Then
        DATA2.Recordset.Edit
        '如果 YN 为"否"，则启动 RECORDSET 编辑
        DATA2.Recordset.Fields("YN2") = 0
        '将第二次提醒标志设置为 0
        DATA2.Recordset.Update
        '更新数据库
      End If
   End If
  DATA2.Recordset.MoveNext
  '处理下一条记录
 Wend
 '循环结束
DATA3.Refresh
'对 DATA3 控件进行刷新，DATA2 控件绑定在 awake 表上
DATA3.Recordset.MoveFirst
'将指针移动到第一条记录
While NotDATA3.Recordset.EOF
'启动循环，目的是查找每条符合条件的记录
   txrq =DATA3.Recordset.Fields("txrq")
   '设置变量 txrq 等于数据库中的提醒日期
   txsj =DATA3.Recordset.Fields("txsj")
   '设置变量 txsj 等于数据库中的提醒时间
   rq = Date
   '设置变量 rq 等于当前系统日期
   sj = Time
   '设置变量 sj 等于当前系统时间
   If txrq = rq And txsj = sj Then
   '如果提醒日期、提醒时间都满足条件
      txnr = " " &DATA3.Recordset.Fields("txnr")
      '则变量 txnr 设置为数据库中的提醒内容
      YN = MsgBox(txnr, "提醒簿")
      '显示提醒内容
   End If
```

```
      DATA3.Recordset.MoveNext
       '处理下一条记录
    Wend
     '循环结束
 End Sub


Private Sub txb_Click()
'"提醒簿"菜单的事件处理过程
    Form_txb.Show
     '显示"提醒簿"
End Sub

Private Sub txl_Click()
'"通信录"菜单的事件处理过程
    Form_txl.Show
     '显示通信录
End Sub


Private Sub zck_Click()
'"主窗口"菜单的事件处理过程
    MDIform1.Show
     '显示主窗口
End Sub
```

2. "通信录"窗体 Form_txl 所对应的程序

```
Private Sub add_txl_Click()
'"通信录"窗体中的"增加记录"菜单事件处理程序
   DATA1.Recordset.AddNew
    '增加一条记录
   DATA1.Recordset.Fields("YN2") = True
    '将字段 YN2（第二次提醒标志）设置为 True，启动第二次提醒，为下一次做好准备
End Sub


Private Sub cz_txl_Click()
'"通信录"窗体中的"查找"菜单的事件处理过程
   WithDATA1.Recordset
       cz_xm = Trim(InputBox("请输入查找人员的姓名："))
        '输入要查找的人员姓名
       .FindFirst .Fields("xm") = Trim(cz_xm)
        '开始查找
       If .NoMatch Then
        '如果未找到要查询的人员
          MsgBox "未找到要查询的人员"
           '则显示提示信息
       End If
   End With
End Sub
```

```
Private Sub del_txl_Click()
'"通信录"窗体中的"删除记录"菜单事件处理过程
   DATA1.Recordset.Delete
   '删除当前记录
   DATA1.Recordset.MoveNext
   '将指针移动到下一条记录
End Sub


Private Sub save_txl_Click()
'"通信录"窗体中的"保存"菜单事件处理过程
   DATA1.UpdateRecord
   '执行保存操作
End Sub


Private Sub windows_txl_Click()
'"通信录"窗体中的"窗口-提醒簿"菜单事件处理过程
   Form_txb.Show
   '显示"提醒簿"窗口
   Form_txb.SetFocus
   '使"提醒簿"窗口获得焦点
End Sub


Private Sub zck_Click()
'"通信录"窗体中的"窗口-主窗口"菜单事件处理过程
   Form_txb.Hide
   '隐含"通信录"窗口
   Form_txl.Hide
   '隐含"提醒簿"窗口
End Sub
```

3."提醒簿"窗体 Form_txb 所对应的程序

```
Private Sub add_txb_Click()
'"提醒簿"窗体中的"增加"事件处理过程
   txb.Recordset.AddNew
   '增加记录
   txb.Recordset.Fields("YN") = True
   '是否提醒标志设置为"是"
End Sub


Private Sub del_txb_Click()
'"提醒簿"窗体中的"删除"处理过程
   DATA1.Recordset.Delete
   '删除记录
   DATA1.Recordset.MoveNext
   '将指针移动到下一条记录
End Sub


Private Sub save_txb_Click()
```

```
'"提醒簿"窗体中的"保存"事件处理过程
    txb.UpdateRecord
    '保存记录
End Sub


Private Sub windows_txl_Click()
'"提醒簿"窗体中的"窗口-通信录"事件处理过程
    Form_txl.Show
    '显示"通信录"窗口
    Form_txl.SetFocus
    '使"通信录"窗口获得焦点
End Sub


Private Sub zck_Click()
'"提醒簿"窗体中的"窗口-主窗口"事件处理过程
    Form_txb.Hide
    '隐含"提醒簿"窗口
    Form_txl.Hide
    '隐含"通信录"窗口
End Sub
```

4. "关于"窗体所对应的程序

```
Private Sub Command1_Click()
'"确定"按钮的事件处理过程
    Form1.Hide
    '隐含 Form1 窗口
End Sub
```

第16章
报表设计器

 实验 1　建立报表文件

实验目标

熟悉用报表设计器（Crystal Reports Pro）程序设计报表。

实验内容

以第 15 章"私人通信录"及"定时提醒"数据库为基础，用 Crystal Reports Pro 程序设计打印输出的报表格式。

实验说明

报表设计器程序不是微软公司开发的产品，它是由希捷（Seagate）公司开发的报表设计组件。由于其功能强大，界面友好，一直被广大 Visual Basic 爱好者使用。为了做好本实验，必须单独购买、安装这个第三方产品。在实验过程中，要注意利用第 15 章建立的"私人通信录"及"定时提醒"程序分别向 friend 和 awake 两个数据库表中输入一定的信息。本实验需要分别针对"通信录"数据库和"定时提醒"数据库设计"行列"形式的标准报表。

实验分析

通过对实训内容进行认真分析，并结合 Visual Basic 软件的功能及操作，我们可以将实验内容分解如下。

首先用报表设计器建立"私人通信录"数据表的报表文件；然后用报表设计器建立"定时提醒"数据表的报表文件。

示范操作

1. 用 Crystal Reports Pro 建立"私人通信录"数据表的报表文件

（1）在 Windows 的"开始"菜单中选择 Visual Basic 程序组，从中选择报表设计器程序。启动程序后的运行界面如图 16.1 所示。

（2）在图 16.1 所示界面上选择"File"菜单中的"New"选项或单击新建按钮 ▣，系统弹出"建立新报表"（Create New Report）对话框，如图 16.2 所示。

图 16.1 "Crystal Reports Pro"的运行界面

图 16.2 "建立新报表"对话框

（3）在图 16.2 所示对话框中选择标准报表（Standard）形式，显示如图 16.3 所示的对话框。

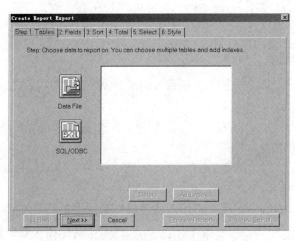

图 16.3 标准报表对话框

图 16.3 所示对话框中包括六步（Step），分为六个选项卡。"Sort"及其后面的选项卡不是必需的操作，可以根据需要选择或忽略。

（4）单击第一个选项卡"表"（Table）显示如图 16.4 所示的对话框，选择数据文件（data file）选项，选择所需要的数据库文件。在此我们选择"txl.MDB"，并单击"Next"按钮。

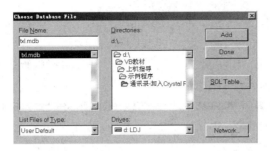

图 16.4　"选择数据库文件"对话框

（5）单击链接（Links）选项卡，编辑表之间的链接关系，如图 16.5 所示。由于本实验中这两个表没有链接关系，所以要将图 16.5 中的表之间的链接线去掉。由于在"txl.mdb"数据库中存在多个数据库表，所以图 16.5 界面中比图 16.4 所示"选择数据库文件对话框"中多出了链接（Links）选项卡。

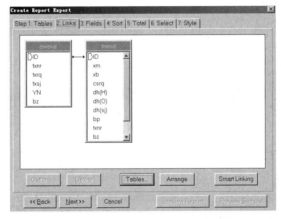

图 16.5　编辑表之间的链接关系

（6）单击字段（Fields）选项卡，选择字段选项，如图 16.6 所示。选择以下内容：

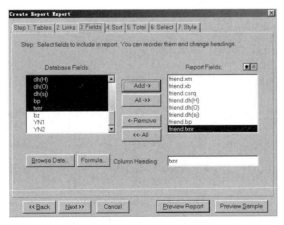

图 16.6　选择报表字段

Friend.xm	姓名	Friend.xb	性别
Friend.csrq	出生日期	Friend.dh(h)	家庭电话

Friend.dh(O)	单位电话	Friend.dh(sj)	手机
Friend.bp	BP机	Friend.txmr	提醒内容

（7）由于"Sort"选项卡以后不是必需的操作，现在我们单击报表预览（Preview Report）按钮，直接预览报表的内容，如图16.7所示。

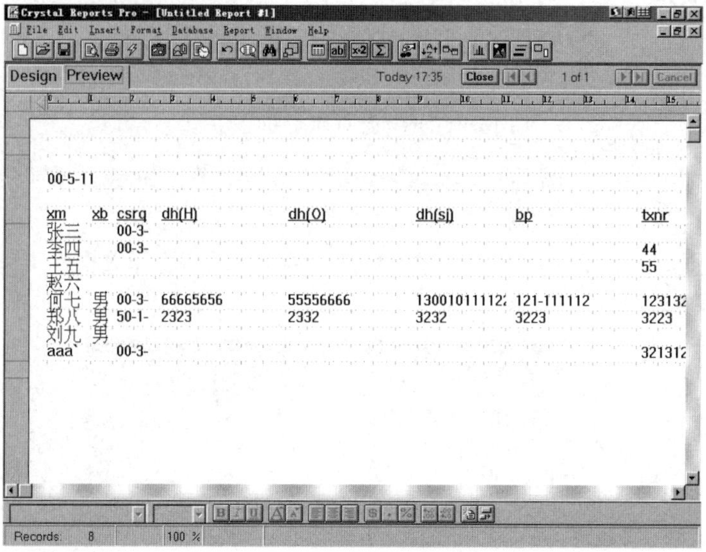

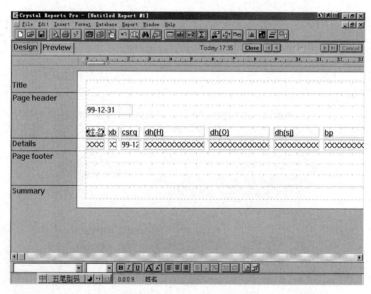

图16.7　预览报表样式

（8）在图16.7所示的窗口中，单击设计（Design）选项卡，进入设计视图，如图16.8所示。

图16.8　设计报表样式

在图16.7窗口中，单击"xm"字段，xm区域变成了可以修改的文本框，输入汉字："姓名"。在图16.8所示窗口中，我们已经将"xm"修改成了汉字的"姓名"，照此方法，将所有的字段名称全部修改为需要的汉字就可以了。

（9）将文件保存为"dy_friend.rpt"。这样"私人通信录"数据表的报表文件就设计完成了。

2．用报表设计器建立"定时提醒"数据表的报表文件

用报表设计器建立"定时提醒"数据表的报表文件，与建立"私人通信录"数据表的报表文件的操作过程基本相同。但要选择下列字段：

```
awake.txnr   提醒内容
awake.txrq   提醒日期
awake.txsj   提醒时间
```

 实验 2 在 Visual Basic 程序中调用报表文件

实验目标

熟悉 Crystal Reports 控件的使用。

实验内容

利用 Crystal Reports 控件，将实验 1 中制作的报表文件打印出来。

实验说明

本实验实际上是在第 15 章及第 16 章实验 1 的基础上做了进一步的完善，利用 Crystal Reports 控件将第 16 章实验 1 中生成的报表打印出来。本实验的前提条件是第 15 章及第 15 章实验 1 已经完成，并且所有实验步骤要在第 15 章实验的"工程"菜单中完成。

实验分析

通过对实训内容进行认真分析，并结合 Visual Basic 软件的功能及操作，我们可以将实验内容分解如下。

首先在"工程"菜单中引用 Crystal Reports 控件，并在"工具箱"中增加 Crystal Reports 控件；然后增加"打印"菜单；接着设置 Crystal Report1 控件的属性；最后编写打印程序代码。

示范操作

1．Crystal Reports 控件的引用

（1）选择"工程"菜单中的"引用"选项，系统弹出"部件"引用窗口，如图 16.9 所示。

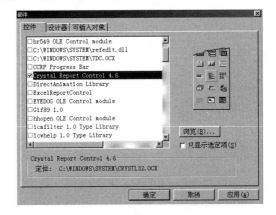

图 16.9 引用 Crystal Reports 控件

（2）单击"Crystal Report Control 4.6"从而选中该控件，单击"确定"按钮。这样就在"工程"中引用了该控件，在编程时可以从"工具箱"中选择该控件。

2．增加 Crystal Reports 控件

引用 Crystal Reports 控件的操作完成后，在 Visual Basic 的"工具箱"中就增加了一个该控件的图标，向窗体中增加 Crystal Reports 控件与增加一个"工具箱"中原有的控件（如 CommandButton、Text 等）在操作上是相同的。

（1）在"工具箱"中双击 Crystal Reports 控件的图标或单击该控件。

（2）在窗体上合适的位置拖动，在窗体中增加 Crystal Report1 控件。

3．增加"打印"菜单

在第 15 章实验的基础上通过菜单编辑器，在原有的菜单上增加"打印"选项，如图 16.10 所示。

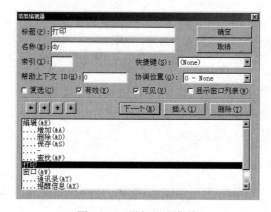

图 16.10　增加打印菜单

4．设置 Crystal Report1 控件属性

（1）将 Crystal Report1 控件的 Reportfilename 属性设置为实验 1 保存的 REP 文件，用以建立 Crystal Reports 控件与报表文件的联系。

（2）设置 Crystal Report1 控件的 Reportfilename 属性为"dy_friend.rpt"。

5．编写打印程序代码

　程序代码

```
Private Sub dy_Click()
'"打印"菜单中的单击事件处理过程
    CrystalReport1.PrintReport
    '用报表文件的格式进行打印

End Sub
```

附录 A

练 习 题

 练习一

一、填空题

1．Visual 的中文含义是_____，指的是开发_____的方法。Basic 是指_____代码，英文全称是_____。

2．Visual Basic 有_____、_____、_____三种版本，各自满足不同的开发需要。

3．退出 Visual Basic 可单击_____，也可选择_____菜单中的_____命令，或按"_____＋____"组合键。

二、简答题

1．简述 Visual Basic 的主要功能特点。

2．简述 Visual Basic 的安装过程。

3．如何启动 Visual Basic？

4．怎样新建或打开一个原有工程？

练习二

一、填空题

1．Visual Basic 的主菜单栏主要包括_____、_____、_____、_____、_____、_____、_____、_____、_____和_____等菜单项。

2．Visual Basic 开发环境的中心部分称为_____。

3．Visual Basic 提供的_____以树形图的方式对其资源进行管理。

4．属性窗口有两种显示方式，一种是按_____排序；另一种是按_____排序。

5．在窗口中双击"显示"按钮，或直接按____键，系统会自动弹出代码编辑器窗口。

6．Visual Basic 有两种运行程序的方法：_____模式和_____模式。

二、简答题

1．Visual Basic 主界面窗口主要由哪几部分组成？

2．简述 Visual Basic 打开属性窗口的三种方法。

3．设置对象属性的基本步骤是什么？

4．解释模式和编译模式在程序运行过程中的区别是什么？

5．如何保存 Visual Basic 程序？

练习三

一、填空题

1. 对象是 Visual Basic 应用程序的_____，它是由_____创建的。在 Visual_Basic 中可以用_____、_____、_____来说明和衡量一个对象的特性。

2. 属性分为_____属性和_____属性两种。

3. 在 Visual Basic 中，事件产生的方式主要有_____、_____和_____。

4. Visual Basic 的程序模块有三种：_____、_____、_____。

5. 窗体模块的文件扩展名为_____、标准模块的文件扩展名为_____、类模块的文件扩展名为_____。

6. 在 Visual Basic 语言中，注释符为_____、分行符为_____、并行符为_____。

7. 通过_____模块我们可以根据需要建立自己的控件。

二、简答题

1. 什么是对象的属性？

2. 简述事件驱动程序的执行过程。

3. 简述事件驱动机制与传统编程方式的异同。

练习四

一、填空题

1. Visual Basic 中的数据类型可分为_____和_____两大类，前者根据其取值的不同，又可分为_____、_____、_____和_____。

2. 字节型数据在计算机中用_____个字节来存储，表示的数据范围是_____；整型数据在计算机中用_____个字节来存储，表示的数据范围是_____；长整型数据在计算机中用_____个字节来存储，表示的数据范围是_____；单精度实型数据在计算机中用_____个字节来存储，可表示_____位有效数字；双精度实型数据在计算机中用_____个字节来存储，可表示_____位有效数字；货币类型数据在计算机中用_____个字节来存储，其小数部分最多有_____位有效数字；布尔类型数据在计算机中用_____个字节来存储，可以表示的数据只能是_____或_____；日期型数据在计算机中用_____个字节来存储，表示的数据范围是_____。

3. 一个英文字母或一个阿拉伯数字是_____个字符，占_____个字节的存储空间；一个汉字是_____个字符，占_____个字节的存储空间。

4. 日期型数据有_____和_____两种表示方法。

5. 在 Visual Basic 表达式中，对于没有赋值的数值型变量，系统将其当作_____值进行计算；对于没有赋值的字符串变量，系统将其当作_____进行计算；对于没有赋值的布尔型变量，系统将其当作_____进行计算；对于没有赋值的日期型变量，系统将其当作_____进行计算。

6. 如果在声明变量时没有说明变量的数据类型，则该变量将被默认为是_____类型。

二、简答题

1. 什么是基本数据类型？什么是用户自定义数据类型？

2．在 Visual Basic 中，单精度实型和双精度实型数据有哪两种表示方法？分别适合在什么情况下使用？什么叫作规格化的浮点数？什么叫作规格化？浮点数由哪几部分组成？

3．下列 Visual Basic 数据中，哪些是合法的？哪些是非法的？为什么？

−15.3E5，32,45，"Hello"，E-3，213，1.5D-18，2.4E，2.3E+4，0.002，'Max'，−1.3E2，12a34

4．将下列数据中的浮点数改写成定点数，定点数改写成规格化的单精度浮点数。

56700　　　　　0.0000278　　　　4.23E-6　　　　3.48725E3

−1.678E-1　　　−4360000　　　　250000000　　　−2.156E8

5．什么是字符串？字符串型数据可分为哪几种类型？如果一个字符串不包含任何字符，则称为什么字符串？

6．定长字符串变量可以使用类型说明符声明吗？可以使用类型说明词声明吗？变长字符串变量呢？声明一定长字符串变量 Str1，使其能存放 30 个字符？

7．什么是变量？什么是常量？一个变量一旦声明，可以给它重复赋值，常量可以这样做吗？

8．Visual Basic 语言对变量名有何规定？下面哪些是合法的变量名？哪些是非法的变量名？为什么？

x2，abs，aver，&&，ab?c，address，xy/z，abc，m3-5，let

9．什么是变量声明？变量声明有哪几种方法？它们有什么区别？

10．类型说明符有哪几种，分别表示什么数据类型？类型说明词有哪几种，分别表示什么数据类型？

11．下列变量声明语句中，各变量分别是什么类型？

Dim_A1，Dim_A2，Dim_A3_As_Integer

12．什么叫作变量的作用域？根据作用域的不同，可以把变量分为哪几种类型？一个变量属于哪种类型，取决于什么？

13．什么是过程级变量？什么是模块级变量？什么是全局变量？它们分别在什么地方声明？分别使用什么关键字？

14．什么是变量的生存期？模块级变量和全局变量的生存期是怎样的？局部变量的生存期是怎样的？在声明时，分别使用什么关键字声明？

15．在声明变量时，对于数值型数据，应如何选择变量的类型呢？

16．常量有无作用域？声明过程级常量、模块级常量和全局常量与声明相应变量的方法有何相同点？有何不同点？

17．使用 Variant 变量有何优缺点？

练习五

一、填空题

1．Visual Basic 的标准函数可分为＿＿＿＿函数、＿＿＿＿函数、＿＿＿＿函数、＿＿＿＿函数、＿＿＿＿函数和＿＿＿＿＿＿函数。

2．Visual Basic 的表达式可分为＿＿＿＿表达式、＿＿＿＿表达式、＿＿＿＿表达式和＿＿＿＿表达式。

二、简答题

1．什么是函数？什么是标准函数？什么是用户自定义函数？

2．请写出下列函数的函数值，并指出其值是什么数据类型？

Abs(−5.4)= 5.4　　　　　　　Sgn(−23)=−1　　　　　　Sqr(27)≈约 5.196　　　　Int(7.3)= 7

Fix(7.3)= 7	Exp(0)= 1	Int(-7.3)= -8	Fix(-7.3)=-7
Cint(3.8)= 4	Log(1)= 0	VarType(8.4)= 5	ypeName(8.4)="Double"
Asc("abc")= 97	Chr(66)="B"	Len("程序设计")= 4	Val(X201)= 0
DateDiff("d",5.2,2.3)= -3	IsDate(25.2)= False		

3．什么是 VisualBasic 表达式？

4．算术运算符包括哪些？它们的运算顺序是怎样的？关系运算符和逻辑运算符包括哪些，它们的顺序是怎样的？

5．将下列数学代数式转化为 Visual Basic 表达式。

6．将下列 Visual Basic 表达式转化为数学代数式。

7．计算下列表达式的值，并指出其值是什么数据类型。

一、填空题

1．根据占用内存方式的不同，可将数组分为_____和_____两种类型。

2．数组元素下标的下界默认为是_____，如要想改变其默认值，应使用_____语句。

二、简答题

1．什么是数组？什么是数组元素？

2．数组数据的输入和输出常使用什么语句进行控制？

3．使用动态数组有什么优点？

4．要想保留动态数组中的数据应使用什么关键字？此时能改变最后一维的上下界吗？能改变其他维的上下界吗？能改变数组的维数吗？若不保留动态数组中的数据，能改变最后一维的上下界吗？能改变其他维的上下界吗？能改变数组的维数吗？

5．什么是用户自定义数据类型？用户自定义数据类型又叫作什么数据类型？可以在过程内部定义用户自定义数据类型吗？

6．全局型的用户自定义类型数据和用户自定义类型数据的变量分别应在什么地方声明？

三、编程题

1．声明一个有 20 个元素的一维数组 A，使用 InputBox 函数为其所有元素赋值，然后将其所有元素的值及其下标显示出来。

2．定义一描述教师情况的用户自定义类型数据 Teacher，其中包括姓名、年龄、学科、工作年限和基本工资五个数据项，然后在窗体的 Activate 事件中将包含 20 名教师的数组 T 声明为此记录类型，接着使用 InputBox 函数给数组 T 中的每个数组元素的各个数据项赋值，最后将其值全部显示到屏幕上。

一、填空题

1．Visual Basic 程序，按其语句代码执行的先后顺序，可以分为_____结构、_____结构和_____结构。

2．条件判断结构可以使用_____语句、_____语句和_____语句。

3．If … Then … Else 语句是_____语句的特例。

4．在 Select_Case 语句中，当不止一个 Case 后面的取值与表达式的值相匹配时，只执行第____个与表达式匹配的 Case 后面的语句序列。

5．实现循环程序结构，可以使用_____语句、_____语句、_____语句和_____语句。

6．在 Visual Basic 语言中，过程可以分为_____过程、_____过程、_____过程和_____过程。

7．参数传递有_____方式、_____方式和_____方式，常量默认采用_____方式；变量默认采用_____方式；表达式默认采用_____方式。

二、简答题

1．在 Select_Case 语句中，关键字 Case 后面的取值的格式有哪几种？试举例说明。

2．简述 For … Next 语句的执行过程。

3．在 Do … Loop 语句中，根据条件表达式前面使用的关键字的不同，可将 Do … Loop 语句分为哪两种形式？在每一种形式中，根据表达式所在位置的不同，又可将 Do … Loop 语句分为哪两种形式？这两种形式的 Do … Loop 语句，在执行时有什么区别？

4．结构化程序设计具有哪些优点？

5．Sub 过程和 Function 过程有哪几种创建方法？

三、编程题

1．通过键盘输入任意三个数 A、B、C，找出其中的最大数。

2．通过键盘输入任意三个数 A、B、C，将其按由大到小的顺序显示出来。

3．编写程序，通过键盘输入任一 X 的值，求分段函数 Y 的值。

$$Y = \begin{cases} 2X & X > 0 \\ 0 & X = 0 \\ |X| & X < 0 \end{cases}$$

4．铁路对旅客随身携带行李的计算标准为：20 kg 以内免收行李费；若行李在 40 kg 以内，则 20 kg 以内仍免费，超过 20 kg 的部分按 0.2 元/千克的标准收费；若在 40 kg 以上，除按上述标准收费外，超过 40 kg 的部分加倍收费，试编一程序，计算旅客的行李费。

即求分段函数 $Y = \begin{cases} 0 & X \leqslant 20 \\ 0.2(X - 20) & 20 < X \leqslant 40 \\ 0.4(X - 40) + 0.2 \times 20 & X > 40 \end{cases}$

5．声明一个有 20 个元素的一维数组 A，使用 InputBox 函数为其所有元素赋值，然后将其最小元素的值及其下标显示出来。

6．通过键盘输入 20 个学生的学号和考试成绩，显示出所有高于平均分的学生的学号和成绩。

7．有 5 名学生，进行了 6 门功课的考试，编一程序，求每个学生的平均分，每门功课的平均分。

8．编写程序计算 $S = \sum_{i=1}^{100} a_i^2 = 1^2 + 2^2 + \cdots + 100^2$

9．某工厂 1995 年的产值为 100 万元，计划增长率为 5%，计算并输出 2000 年、2005 年、2010 年和 2015 年的产值。

10．某班有学生 45 人，编写程序统计该班学生的 Visual_Basic 考试成绩，并显示出 60 分以下、60～70

分、70～80分、80～90分以及90分以上的学生人数。

11．通过键盘输入20个整型数据，将其中的负数以及负数的和显示出来。

12．编写程序计算 $S=20!$ 的值。

13．编写程序求 $S=1+2+3+\cdots$，到 $S>1000$ 为止。

14．编写程序当 $\frac{1}{n^2}>10^{-5}$ 时，求 $1+\frac{1}{2^2}+\frac{1}{3^2}+\cdots+\frac{1}{n^2}$ 的值。

15．编写程序计算 $Y=A!+B!+C!$ 的值，其中 $A=6$，$B=8$，$C=5$。

16．编写程序，求半径从1到5的5个圆面积之和。

一、填空题

1．窗体通常有＿＿＿、＿＿＿＿、＿＿＿＿＿、＿＿＿＿＿、＿＿＿＿＿、＿＿＿＿、＿＿＿和＿＿＿＿＿＿八个基本组成部分。

2．窗体本身是一种对象，可以通过＿＿＿＿定义窗体的外观，通过＿＿＿＿定义窗体的行为，通过＿＿＿＿定义窗体与程序使用者之间的交互。

3．每当建立一个工程文件时 Visual Basic 都会给出一个默认名为＿＿＿的窗体。

4．名称属性必须以一个＿＿＿开始并且最长可达＿＿个字符。不能包括＿＿＿＿和＿＿＿。

5．Caption 属性可以设置显示在窗体的＿＿＿＿＿中的文本。

二、简答题

1．简述窗体属性的设置方法。

2．简述窗体的常用属性。

3．如何通过属性设计窗体的外观，请举例说明。

4．怎样进入窗体事件过程代码的编写状态？

5．简述窗体的几种常见事件。

6．如何进行窗体的加载、显示、隐藏和卸载？

7．如何为应用程序加入新的窗体？

8．如何设定启动窗体？

9．举例说明什么是多文档界面（MDI）。

一、填空题

1．对于某一对象能否接收焦点，取决于该对象的＿＿＿和＿＿＿属性的取值。＿＿＿属性允许对象响应键盘、鼠标等事件。＿＿＿属性则决定对象是否显示在屏幕上。只有这两个属性的取值同时均为＿＿＿时，该对象才能接收焦点。

2．Tab 键的顺序就是当按下＿＿＿键时，焦点在窗体中的各控件间移动的顺序。每个窗体都具有相应的 Tab 键的顺序。在默认情况下，Tab 键的顺序与＿＿＿＿＿顺序相同。

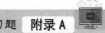

二、简答题

1．Visual Basic 的控件可分为哪三种类型？并简述各种类型的控件的特点。

2．在设计时如何使用控件？

3．为控件命名应遵循哪些原则？

4．将焦点赋给某一对象有哪些方法？有哪些控件不能接收焦点？

5．如何创建控件数组？

6．简述各内部控件的功能。

7．试运行第九章中各个例题。

练习十

一、填空题

1．对话框可分为____对话框和_____对话框两种类型。其中____对话框最常用。

2．MsgBox 函数的返回值中，VBOk 表示单击了_____按钮，VBCancel 表示单击了_____按钮，VBAbort 表示单击了_____按钮，VBRetry 表示单击了_____按钮，VBIgnore 表示单击了_____按钮，VBYes 表示单击了_____按钮，VBNo 表示单击了_____按钮。

3．针对通用对话框（CommonDialog）控件，使用_____方法可以显示"打开"对话框，使用_____方法可以显示"另存为"对话框，使用_____方法可以显示"打印"对话框，使用_____方法可以显示"字体"对话框，使用_____方法可以显示"颜色"对话框，使用_____方法可以显示"帮助"对话框。

4．自定义对话框中通常不包括_____、_____、____与_____按钮、_____以及_____。

二、简答题

1．简要说明模态对话框与非模态对话框的区别，并分别举例说明。

2．如何在工具箱中加入通用对话框（CommonDialog）控件？

3．如何设置自定义对话框？

练习十一

一、填空题

1．在 Windows 应用程序中的菜单主要有以下几个组成元素：_____、_____、____、_____、_____、_____、_____、_____。

2．菜单只有一个事件，即_____事件。

3．通过 Visual Basic 的_____为应用程序创建菜单，同时可以进行菜单属性的设置。菜单的属性也可以像其他控件一样在_____窗口中进行设置。

4．退出菜单编辑器对话框后仍处于程序设计状态，此时选定一个_____可以调出其下级菜单，执行一个菜单命令将打开菜单单击事件的_____窗口，而不是执行菜单单击事件所对应的代码。

5．在菜单的 Caption 属性取值的后面输入一个____号，表示选择该菜单选项将调出一个对话框。

6．按照 Visual Basic 的命名习惯，"文件"菜单一般命名为"mnuFile"，则"文件"菜单的下级菜单的"保存"选项，则应命名为_____。

7．在 Microsoft Windows 和大部分 Windows 的应用程序中，可以通过单击鼠标_____键来调出弹出式菜单。使用弹出式菜单可以方便而快捷地进行操作，所以弹出式菜单又可以称为_____。

8．要显示弹出式菜单，可以在代码中使用_____方法。

二、简答题

1．简述菜单元素的功能及用法。

2．如何启动菜单编辑器？

3．简述菜单编辑器对话框中各个选项的含义。

4．如何定义菜单的访问键？

5．如何定义菜单的快捷键？

6．如何定义子菜单？

7．如何建立分隔条？

8．什么是菜单控件数组？

9．如何在菜单编辑器中建立菜单控件数组？

10．什么是弹出式菜单？

11．本章中为了更好地讲解菜单在 Windows 应用程序中的的各种用法及其设计思想，特意针对大家所熟悉的 Microsoft Word 字表处理软件中的菜单应用列举了几种典型的设计实例，请对应本章例题在 VisualBasic 的菜单系统中找出类似的菜单用法。

练习十二

一、填空题

1．工具条又称为_____，它由_____组成。

2．在 Visual Basic 的专业版与企业版中使用_____来创建工具栏非常容易且很方便。此外，还可以使用_____、_____和_____控件来手工创建工具栏。在手工创建工具条的过程中，_____在窗体中创建工具条，而_____或者_____用于创建工具条上的按钮。

二、简答题

1．在窗体中手工建立工具条的一般步骤是什么？

2．用工具条控件 Toolbar 制作工具条包括哪些步骤？

3．如何在工具箱中加入工具条控件 Toolbar？

4．为 Toolbar 按钮载入图像包括哪些步骤？

练习十三

一、填空题

1．文件是指_____的数据的集合，它可以是_____，也可以是_____或其他信息。对这些文件的操作一般是通过_____来完成的。

2．在 Visual Basic 中，根据对文件的访问方式的不同，可将文件分为以下三种类型：_____、_____、_____。

3. 要把变量的内容存储到顺序文件，应首先以_____或_____模式将文件打开，然后使用_____句或_____语句。

4. 在打开一个随机文件之前，应先定义一个记录类型，该记录类型与_____的记录类型相对应。

5. 对于长度不确定的记录类型，可以采用_____文件来存储，这样可以节省大量的磁盘空间。

6. 为了兼顾随机文件和二进制文件的优缺点，我们可以采取一个折中的办法，即将_____的记录用随机文件来存储，而将_____的记录用二进制文件来存储，并且在随机文件中增加一个_____字段。

7. 如果通过 FileLen 函数来返回一个已经打开的文件的长度，则返回的值是_____。要得到一个已经用 Open 语句打开的文件的长度，可以通过_____函数来实现。

二、简答题

1. 简述顺序文件、随机文件及二进制文件的特点。

2. 简述顺序文件、随机文件及二进制文件分别适合存储哪种类型的数据。

3. 简述文件操作的一般步骤。

4. 调试并试运行第十三章的两个综合实例。

练习十四

一、填空题

1. 使用 PrintForm 方法打印数据，当打印结束后，PrintForm 通过调用_____方法来清空打印机。

2. 要在应用程序中打印窗体及其中的数据，最简单的途径是通过_____方法来实现。但是要获得最佳的打印效果，则可以通过在_____对象中使用_____和_____方法来实现。

3. 当打印较长的文档时，可用_____方法终止当前页，并通过在代码中指定新的一页，将打印位置设为_____，从而创建多页文档。

4. 如果要立即终止当前的打印作业，可以用_____方法来实现。

二、简答题

1. 影响打印结果的因素主要涉及哪几个方面？

2. 在 Visual Basic 中，提供了哪几种常用的打印方法？各有什么优缺点？

3. 在 Printer 对象中重建窗体通常需要重建哪些内容？

4. 调试并试运行第十三章的各例题。

练习十五

一、填空题

1. 关系数据模型是将数据库的逻辑结构归结为满足一定条件的_____形式，并使用关系代数和关系运算作为数据操纵语言。

2. 数据库是在一个环境中定义的一些关于某个特定目的或主题的_____的集合。一个数据库中可以包含_____。

3. 无论数据库复杂与否，在一个数据库中，字段类型主要包括_____型、_____型、_____型、

_____型和_____型。

4．Visual Basic 提供了_____、_____两种与 Jet 数据库引擎接口的方法。

5．利用可视化数据管理器（Visdata）工具，可以完成新建、修改、维护数据库、_____和_____的功能，并可以对数据库中的内容进行_____和_____。

6．Data 控件的 DatabaseName 用于设置_____、RecordSource 用于设置_____。

7．如果想要将 TextBox 框绑定到 Data 控件上，需要设置_____、_____两个属性。

8．常用的数据绑定控件主要有_____、_____、_____、_____、_____、_____等。

9．从逻辑上看，Visual Basic 数据库应用程序由_____、_____、_____三个部分构成。

10．SQL 是指_____。

二、简答题

1．简述利用可视化数据管理器设计数据库应用程序的过程。

2．简述在程序中使用数据绑定控件的方法。

3．简述访问 Microsoft Access、Microsoft FoxPro、paradox 等数据库与访问 Microsoft SQLServer、Oracle、Informix 等数据库的异同。

4．简述在设计程序时，利用 ADOData 控件创建前端数据库应用程序的步骤。

5．简述在表中增加、编辑、删除记录的步骤和方法。

练习十六

一、填空题

1．报表文件的表体由_____、_____、_____、_____、_____五部分构成，其中_____用于设计表格中数据库字段部分。

2．Crystal Reports 报表字段主要有_____、_____、_____、_____四种类型。其中_____字段用于链接数据库中的内容，_____字段用于在表格上显示一段固定的文字，如果想要对数据库中的字段进行求和、求平均等操作，可以使用_____字段。

3．想要在 Crystal Reports 报表中增加一个文本字段应首先选择_____菜单，然后再选择_____菜单，输入想要增加的文字即可。

4．编辑公式字段对话框中，按钮 "BrowesFieldData" 的含义是_____。

5．在 Crystal Reports 报表中如果想四舍五入，应使用_____公式，如果想求绝对值应使用_____公式，如果想求和应使用_____公式，如果想求最大值应使用_____公式。

二、简答题

1．简述 Crystal Reports 报表设计器完成的主要功能。

2．使用 "报表生成专家" 设计报表需要哪几步？设计任何一个报表是否每一步都是必需的？为什么？

3．简述在 VisualBasic 中将 Crystal Reports 报表设计器设计的报表文件作为控件调用的方法。

附录 B
参考答案

 练习一

一、填空题

1. 可视化的、图形用户界面（Graphical User Interfaces，GUI）、初学者通用符号指令、Beginners All-Purpose Symbol Instruction Code
2. 学习版、专业版、企业版
3. 窗口右上角的关闭按钮、"文件""退出"、Alt、Q

二、简答题

1. Visual Basic 是可视化的 Basic 语言，这种编程方式的特点是，不必编写大量代码去描述程序界面，只要把预先建立好的对象拖动到窗口界面中即可完成程序界面的编程工作。Visual Basic 提供了方便的开发环境和事件驱动的程序机制。

2. 第一步：把装有 Visual Basic 安装程序的光盘放入光驱中，安装程序将自动启动。

第二步：在"最终用户许可协议"对话框中选择"接受协议"选项。

第三步：按照提示输入产品序列号、姓名及公司名称。

第四步：确定 Visual Basic 应用程序之间公用文件的存储位置。

第五步：选择安装方式、安装目录。

第六步：开始安装。

第七步：重新启动计算机。

第八步：安装 MSDN。

3. 在任务栏中单击"开始"按钮，选择"程序"中的 Visual Basic 程序组，然后选择"Visual Basic"选项。

4. 新建工程：Visual Basic 启动后，根据需要选择新建工程的类型，并单击"打开"按钮，从而新建一个工程。

打开一个原有工程：在资源管理器中双击工程的图标，或在 Visual Basic 启动后在"新建工程"对话框中，选择"现存"标签，均可打开一个原有的工程。

 练习二

一、填空题

1. 文件、编辑、视图、工程、格式、调试、运行、工具、外接程序、窗口、帮助
2. 窗体
3. 工程资源管理器
4. 字母、分类

5．F7。

6．解释、编译

二、简答题

1．Visual Basic 主界面窗口主要由"标题条""菜单栏""工具条""工具箱""窗体""工程资源管理器""属性窗口""窗体布局框"八部分组成。

2．方法一：在"视图"菜单中选择"属性窗口"选项。

方法二：在标准工具栏中单击"属性窗口"按钮。

方法三：在相应对象上右击，然后从快捷菜单中选择"属性窗口"选项。

3．第一步，打开属性窗口。

第二步，在属性列表中选择属性名。

第三步，在右侧选择合适的值或输入新的属性值。

4．在解释模式下，系统逐行进行读取、翻译、执行机器代码，解释模式在设计时可以方便地运行程序，不必编译保存，但其运行速度较慢。在编译模式下，系统一次性地读取代码，全部翻译完成后，再执行代码。编译模式在不修改程序的前提下，运行速度较快。一旦程序有所改动，则需要重新编译。

5．选择"文件"菜单中的"保存工程"命令，或单击工具条上的"保存"按钮，可以把程序保存在文件中。在"文件"菜单中还有两个命令可以保存文件："工程另存为"可以保存工程的副本。"Form1 另存为"可以保存窗体或其他文件的副本。

练习三

一、填空题

1．基本单元、类、属性、方法、事件

2．读写、只读

3．程序操作者触发、由系统触发、代码间接触发

4．窗体模块、标准模块、类模块

5．".FRM"".BAS"".CLS"

6．单引号、一个空格后面跟一个下画线、冒号

7．类

二、简答题

1．属性是指用于描述对象的名称、外观、位置、字体、行为等特性的一些指标。

2．事件驱动程序的执行过程分为四步。

第一步：启动应用程序，装载和显示窗体。

第二步：窗体或控件以各种方式接收外部事件。

第三步：如果在相应的事件处理过程中存在代码，就执行这些代码。

第四步：等待下一个事件。如此周而复始地进行。

3．在传统的程序设计过程中，程序是按照预先编写的代码，一条一条地顺序执行的。在事件驱动程序中，系统先执行哪段代码并不是取决于事先编写的顺序，而是由用户操作来决定的。Visual Basic 的每一个窗体和控件都有一个预定义的事件集，如果其中有一个事件发生，而且在关联的事件过程中存在代码，则 Visual Basic 执行对应的代码。

 练习四

一、填空题

1．基本数据类型、用户自定义数据类型、数值型、字符串型、布尔型、日期型

2．1、0～255、2、–32768～32767、4、–2147483648～2147483647、4、7、8、15、8、4、2、True、False、8、100 年 1 月 1 日至 9999 年 12 月 31 日

3．一、两、一、两

4．一般表示法、序号表示法

5．0、空串、False、1899 年 12 月 31 日午夜 0 点

6．变体（Variant）

二、简答题

1．基本数据类型是指由 Visual Basic 直接提供给用户的数据类型，用户不经定义就可以直接使用。用户自定义数据类型是指当基本数据类型不能满足用户需要时，由用户在程序中以基本数据类型为基础，并按照一定的语法规则构造而成的数据类型，它必须先定义，然后才能在程序中使用。

2．对于单精度实型和双精度实型数据，在 Visual Basic 中都有两种表示方法：定点表示法和浮点表示法。定点表示法适合表示那些不太大又不太小，即大小比较适中的数；当一个数特别大，或者特别小的时候，适合使用浮点表示法。

尾数的整数部分为 1 位有效数字的浮点数（小数点在最高有效位的后面），叫作规格化的浮点数，将非规格化浮点数转化为规格化浮点数的操作叫作规格化。浮点数由三部分组成：尾数部分、字母和指数部分。

3．合法的有：–15.3E5，"Hello"，213，1.5D-18，2.3E+4，0.002，–1.3E2

非法的有：32,45，E-3，2.4E，'Max'，12a34

原因：略。

4．56700   3.48725E3   –4360000   –2.156E8

0.0000278   4.23E-6   –1.678E-1   250000000

5．字符串是由双引号引起来的若干个 Visual Basic 的基本字符集中；除双引号之外的其他任何字符，字符串型数据可分为定长字符串和变长字符串两种；如果一个字符串不包含任何字符，则称该字符串为空字符串，简称空串。

6．定长字符串变量不能使用类型说明符声明，但可以使用类型说明词声明；变长字符串变量既可以使用类型说明符声明，也可以使用类型说明词声明。

Dim Str1 As String * 30

7．变量是在程序执行过程中，其值可以发生变化的量；常量（Constant）是在程序运行过程中，其值保持不变的量；一个常量一旦声明，不能再给它赋值。

8．Visual Basic 对变量名有以下规定：

（1）变量名是长度不超过 255 个字符的、以英文字母开头的由英文字母（A～Z）、阿拉伯数字（0～9）和下画线（_）组成的字符序列，并且不含有标点符号和空格等字符，在变量名中不区分英文字母的大小写。

（2）在同一个范围内变量名必须是唯一的。

（3）变量名不能和 Visual Basic 的关键字同名，但变量名中可以包含关键字。

合法的有：x2，aver，address，abc

非法的有：abs，&&，ab?c，xy/z，m3-5，let

原因：略

9．变量声明就是将变量的名称和数据类型事先通知应用程序，变量声明有隐式声明和显示声明两种方法。隐式声明就是在使用一个变量之前并不专门声明这个变量而是直接使用，显示声明在使用一个变量之前必须首先使用变量声明语句声明这个变量，然后再使用。

10．类型说明符及其含义如表 A-1 所示。

表 A-1

类型说明符	含　义	类型说明符	含　义
%	整型	#	双精度实型
&	长整型	@	货币型
!	单精度实型	$	字符串型

类型说明词及其含义如表 A-2 所示。

表 A-2

类型说明词	含　义	类型说明词	含　义
Byte	字节型	Currency	货币型
Integer	整型	String	字符串型
Long	长整型	Boolean	布尔型
Single	单精度实型	Date	日期型
Double	双精度实型		

11．Dim_A1 和 Dim_A2 是变体型，Dim_A3_As_Integer 是整型。

12．一个变量的有效使用范围称为该变量的作用域，根据作用域的不同，可以把变量分为过程级变量、全局变量和作用域介于两者之间的模块级变量。

一个变量是过程级变量、模块级变量或全局变量，取决于声明该变量时，变量声明语句所在的位置和所使用的关键字。

13．过程级变量又叫作局部变量或私有变量或本地变量，是只有在声明变量的过程中才能被应用程序识别并使用的变量，用 Dim 或 Static 关键字声明。

模块级变量是对该模块中的所有过程都起作用，但对其他模块不起作用的变量。在模块顶部的声明段使用 Private 或 Dim 关键字声明。

全局变量又叫作全程变量或公有变量，是可作用于应用程序的所有模块和过程的变量。与模块级变量一样，也在模块顶部的声明段进行声明，不同的是此时不能使用关键字 Private，而要使用关键字 Public 或 Global。

14．一个变量的有效存续时间称为该变量的生存期。模块级变量和全局变量的生存期是整个应用程序的执行过程。局部变量的生存期有两种：仅当声明该局部变量的过程执行时才存在的局部变量为动态变量，使用关键字 Dim 声明；在应用程序的运行过程中一直保存其值的局部变量为静态变量，使用 Static 关键字声明。

15．（1）如果某一变量在程序运行过程中总是存放整数，而不会出现小数点，则应尽量将此变量声明为 Long 型变量，尤其是在循环体中更应如此，因为现在的计算机大多是 32 位计算机，而 Long 型整数是 32 位 CPU 的本机数据类型，所以其运算速度非常快。如果由于某种原因，无法使用 Long 型变量，就要尽量将其声明为 Integer 数据或 Byte 数据类型。

（2）如果某一变量在程序运行过程中可能会出现小数点，这时就应将此变量声明为实数类型，然后根据此变量可能的取值范围及其需要的精度，再决定声明为 Single 型、Double 型，还是 Currency 型变量，Single 型和 Double 型数据比 Currency 型数据的有效范围大得多，但有可能会产生一些小的误差，当进行对精度要求比较高的货币计算时，一般应将变量声明为货币型。

（3）使用 Long 型和 Double 型变量，固然会减少"溢出"错误，但同时它们也要占用大量的内存空间，因此，在定义变量时，最好选用既能满足实际需要，占内存又最少的数据类型。

16．常量也有作用域，为创建仅在某一过程内有效的常量，即过程级常量，应在该过程内部声明常量；为创建在某一模块内的所有过程中都有效，而在该模块之外都无效的常量，即模块级常量，应在该模块顶部的声明段中使用关键字 Private 声明。另外，与变量声明不同的是，为创建在整个应用程序中都有效的常量，即全局常量，应在标准模块顶部的声明段中、使用关键字 Public 或 Global 进行声明，在窗体模块或类模块中是不允许声明全局常量的。

17．Variant 变量是 Visual Basic 中的默认变量，而且，Variant 变量可存储任何类型的数据，这对于初学者来说是非常方便的。然而，使用 Variant 变量也会带来应用程序运行速度变慢的缺点，因为应用程序在运行时，必须将 Variant 变量的值转化为其他适当的数据类型，这必然要花费一定的时间，从而使应用程序的运行速度减慢。所以，如果我们想提高应用程序的运行速度，就要避免使用 Variant 变量，而直接使用其他标准的数据类型，这样就会避免不必要的转化，从而加快应用程序的运行速度。

练习五

一、填空题

1．数值、字符串、日期、转换、数组、输入/输出
2．算术、字符串、关系、逻辑

二、简答题

1．函数是一些特殊的语句或程序段，每种函数都可以进行一种具体的运算，在程序中，只要给出函数名和相应的参数就可以使用它们，并可得到一个函数值。

标准函数也叫作预定义的函数，是由 Visual Basic 语言直接提供的函数，程序设计人员使用时只需写上函数名和所需参数就可以了，而不用事先定义。

用户自定义函数是当标准函数不能满足程序设计人员的实际需要时，由程序设计人员按照一定的语法规则自己定义而成的函数。这类函数必须先定义，然后才能在程序中使用。

2．

Abs(−5.4)=5.4	Double 型	Sgn(−23)=−1	Integer 型
Sqr(27)≈约 5.196	Double 型	Int(7.3)=7	Double 型
Fix(7.3)=7	Double 型	Exp(0)=1	Double 型
Int(−7.3)=−8	Double 型	Fix(−7.3)=−7	Double 型
Cint(3.8)= 4	Integer 型	Log(1)=0	Double 型
VarType(8.4)=5	Long 型	TypeName(8.4)="Double"	String 型
Asc("abc")=97	Integer 型	Chr(66)="B"	String 型
Len("程序设计")=4	Long 型	Val(X201)=0	Double 型
DateDiff("d",5.2,2.3)=−3	Long 型	IsDate(25.2)=False	Boolean 型

3．Visual Basic 表达式是用运算符和圆括号将常量、变量和函数按照一定的语法规则连接而成的有一定

意义的式子，当然，一个独立的常量、变量或一个函数也可以看作一个简单的表达式。

4．Visual Basic 的算术运算符有七种：+、−、*、/、\、MOD 和^，其运算顺序为：乘方（^）→乘（*）、除（/）→整除（\）→模除（MOD）→加（+）、减（−）。

关系运算符包括>、<、=、>=、<=和<>共六种，所有关系运算符的运算顺序均相同。

逻辑运算符包括 Not、And、Or 和 Xor，其运算顺序为：首先进行 Not 运算，然后进行 And 运算，最后进行 Or 和 Xor 运算。

5．

x+y^2 或 x+y*y	Log(Sin(x))/Log10	Exp(x+1)
2*(Sin(x+y))^2	(x+3)/(y−5)	Sqr(Abs(Sin(x)))
(2*Sin(3.14/4))^2	Exp(2)*Log5	g*m1*m2/r^2
(a^2+b^2)^(1/3)		

6．

$$\frac{ax^2+bx+c}{\sqrt{s(s-a)(s-b)(s-c)}}$$

$$5\left|\frac{6^3}{2}\right|+4$$

$$\sin(\text{int}(7-\sqrt{\frac{2e^2}{3}}))$$

$$\ln(\left|\frac{e^5}{2}\right|)$$

7．

(5 + 6×2) / 3 = 5.66666666666667	Double 型
Abs(−12) + 24 = 36	Integer 型
"How do " & "you do ！" = "How do you do ！"	String 型
3×4 <= 24 / 3 = False	Boolean 型
Int(28.2 + 12.5) > Fix(42.35−Abs(−2)) = False	Boolean 型
((10 < 8) And (10 > 8)) Or ((5 >= 4) Xor (−3 < −2)) = False	Boolean 型

练习六

一、填空题

1．常规数组、动态数组

2．0、Option

二、简答题

1．数组是由一批互相联系的、有一定顺序的数据组成的集合。一个数组中的每个数据，都称为该数组的数组元素。

2．因为数组元素下标的顺序在其上下界的范围内是连续的，所以我们可以使用循环语句来控制数组数据的输入和输出。

3．使用动态数组，可以在程序运行的过程中随时调整数组的大小，这样既可以满足实际需要，又不至于浪费内存。

4．要想保留动态数组中的数据，在为动态数组分配实际空间时必须使用带有 Preserve 关键字的 ReDim 语句，此时只能改变数组中最后一维的上界，而不能改变最后一维的下界，更不能改变其他维的上界、下界以及数组的维数。

　　如果不保留动态数组中的数据，ReDim 语句既能够改变最后一维的上下界，也能够改变其他维的上下界，但是，数组的维数不能改变。

　　5．用户自定义数据类型，是当基本数据类型不能满足实际需要时，由程序设计人员在应用程序中以基本数据类型为基础，并按照一定的语法规则自己定义而成的数据类型。用户自定义数据类型，又叫作记录数据类型。

　　必须在模块的声明部分定义用户自定义数据类型，而不能在过程内部定义用户自定义数据类型。

　　6．全局型的用户自定义类型数据和用户自定义类型数据的变量均应在标准模块进行声明。

三、编程题

1.

```
Private Sub Form_Activate()
Dim A(1 To 20) As Integer
Dim I As Integer
For I = 1 To 20
    A(I) = InputBox("请输入数组元素的值")
Next I
For I = 1 To 20
    Print I, A(I)
Next I
End Sub
```

2.

```
Private Type Teacher
    Name As String * 6
    Age As Integer
    Subject As String * 4
    Year As Integer
    Salary As Single
End Type

Private Sub Form_Activate()
Dim T(1 To 20) As Teacher
Dim I As Integer
Dim S As String * 6
For I = 1 To 20
    S = "第" & Str(I) & "名教师"
    T(I).Name = InputBox("请输入姓名:", S)
    T(I).Age = InputBox("请输入年龄:", S)
    T(I).Subject = InputBox("请输入学科:", S)
    T(I).Year = InputBox("请输入工作年限:", S)
    T(I).Salary = InputBox("请输入基本工资:", S)
Next I
Print "姓名", "年龄", "学科", "工作年限", "工资基本"
For I = 1 To 20
    Print T(I).Name, T(I).Age, T(I).Subject, T(I).Year, T(I).Salary
Next I
End Sub
```

说明：

在此程序中声明了一变量 S，用来表示输入窗口的标题。

一、填空题

1．顺序、条件判断（分支结构或选择结构）、循环

2．If … Then … Else、If … Then … Else If、Select_Case

3．If … Then … Else If

4．一

5．For … Next、For Each … Next、Do … Loop、While … Wend

6．函数（Function）、子程序（Sub）、属性（Property）、事件（Event）

7．按值传递、按地址传递、按命名传递、按值传递、按地址传递、按值传递

二、简答题

1．在 Select_Case 语句中，关键字 Case 后面的取值的格式有以下三种：

① 数值型或字符串型常量值。

② 数值或字符串区间。

③ Is 表达式。

举例：略

2．For…Next 语句的执行过程如下。

（1）计数变量取初值。

（2）如果增量值为正，则测试计数变量的值是否大于终值，若计数变量大于终值，则退出循环；如果增量值为负，则测试计数变量的值是否小于终值，若计数变量小于终值，则退出循环。

（3）执行语句序列。

（4）计数变量加上增量值，即 计数变量 = 计数变量 + 增量值。

重复步骤（2）到步骤（4）。

3．在 Do…Loop 语句中，根据条件表达式前面使用的关键字的不同，可将 Do … Loop 语句分为当型 Do … Loop 语句和直到型 Do … Loop 语句。在每一种形式中，根据表达式所在位置的不同，又可将 Do … Loop 语句分为前测式条件的 Do … Loop 语句和后测式条件的 Do … Loop 语句，两者的区别是：前测试条件的 Do … Loop 语句，关键字 Do 和 Loop 之间的循环体有可能一次也不执行，而后测试条件的 Do … Loop 语句，至少要执行循环体一次。

4．结构化程序设计，主要具有以下优点。

（1）将烦琐的软件开发工作简单化。

（2）提高过程的通用性。

（3）使复杂的应用程序变的层次清晰，简明易读。

5．创建 Sub 过程和 Function 过程有两种方法。

（1）执行"工具"菜单中的"添加过程"命令。

（2）在代码窗口中直接输入 Sub 语句（或 Function 语句）并按回车键，系统就会自动为其加 End Sub 语句（或 End Function 语句），然后在两条语句之间输入过程所需语句即可。

三、编程题

1.

```
Private Sub Form_Activate()
Dim A As Integer, B As Integer, C As Integer
A = InputBox("请输入变量A的值: ", "输入窗口")
B = InputBox("请输入变量B的值: ", "输入窗口")
C = InputBox("请输入变量C的值: ", "输入窗口")
If A < B Then A = B
If A < C Then A = C
Print "最大值为"; A
End Sub
```

2.

```
Private Sub Form_Activate()
Dim A As Integer, B As Integer, C As Integer
Dim D As Integer
A = InputBox("请输入变量A的值: ", "输入窗口")
B = InputBox("请输入变量B的值: ", "输入窗口")
C = InputBox("请输入变量C的值: ", "输入窗口")
If A < B Then D = A: A = B: B = D
If A < C Then D = A: A = C: C = D
If B < C Then D = B: B = C: C = D
Print "由大到小的顺序为"; A, B, C
End Sub
```

说明：

此程序中使用了一变量 D，在交换数据时作为中间变量。

3.

```
Private Sub Form_Activate()
Dim X As Single, Y As Single
X = InputBox("请输入变量X的值: ", "输入窗口")
If X > 0 Then
    Y = 2 * X
ElseIf X = 0 Then
    Y = 0
Else
    Y = Abs(X)
End If
Print "分段函数Y的值为: "; Y
End Sub
```

4.

```
Private Sub Form_Activate()
Dim X As Single, Y As Single
X = InputBox("请输入行李质量（千克）: ", "输入窗口")
If X <= 20 Then
    Y = 0
Else If X > 20 And X <= 40 Then
```

```
    Y = 0.2 * (X - 20)
Else If X > 40 Then
    Y = 0.4 * (X - 40) + 0.2 * 20
End If
Print "铁路运费为: "; Y; "元"
End Sub
```

5.

```
Private Sub Form_Activate()
Dim A(1 To 20) As Integer
Dim I As Integer, K As Integer, S As String
For I = 1 To 20
S = "请输入第" & Str(I) & "个数组元素的值: "
A(I) = InputBox(S, "输入窗口")
Next I
For I = 2 To 20
If A(I) < A(1) Then A(1) = A(I): K = I
Next I
Print "数组A的最小值为: "; A(1), "其下标为: "; K
End Sub
```

说明:

此程序中使用了一变量 S，用来表示输入窗口的提示信息。

6. 方法一:

```
Private Sub Form_Activate()
Dim Score(1 To 20) As Single
Dim Num(1 To 20) As Integer
Dim Sum As Single, Aver As Single
Dim S1 As String, S2 As String
Dim I As Integer
Sum = 0: Aver = 0
For I = 1 To 20
S1 = "请输入第" & Str(I) & "名学生的学号: "
S2 = "请输入第" & Str(I) & "名学生的成绩: "
Num(I) = InputBox(S1, "输入窗口")
Score(I) = InputBox(S2, "输入窗口")
Sum = Sum + Score(I)
Next
Aver = Sum / 20
For I = 1 To 20
If Score(I) > Aver Then Print Num(I), Score(I)
Next
End Sub
```

说明:

此程序声明了两个一维数组 Num 和 Score，其中数组 Num 用来存储学生的学号，数组 Score 用来存储学生的考试成绩。

方法二:

```
Private Sub Form_Activate()
Dim Stud(1 To 20, 1 To 2)
Dim Sum As Single, Aver As Single
Dim S1 As String, S2 As String
Dim I As Integer
Sum = 0: Aver = 0
For I = 1 To 20
S1 = "请输入第" & Str(I) & "名学生的学号: "
S2 = "请输入第" & Str(I) & "名学生的成绩: "
Stud(I, 1) = InputBox(S1, "输入窗口")
Stud(I, 2) = InputBox(S2, "输入窗口")
Sum = Sum + Stud(I, 2)
Next
Aver = Sum / 20
For I = 1 To 20
If Stud(I, 2) > Aver Then Print Stud(I, 1), Stud(I, 2)
Next
End Sub
```

说明:

此程序声明了一个两维数组 Stud,其第一维表示某一学生,第二维表示为 1 时表示此学生的学号,为 2 时表示此学生的考试成绩。

7.

```
Private Sub Form_Activate()
Dim Stud(1 To 5, 1 To 6)
Dim Sum1 As Integer, Aver1 As Single
Dim Sum2 As Integer, Aver2 As Single
Dim S1 As String, S2 As String
Dim I As Integer, J As Integer
Aver1 = 0: Aver2 = 0
For I = 1 To 5
    Sum1 = 0
    For J = 1 To 6
        S1 = "第" & Str(I) & "名学生"
        S2 = "请输入第" & Str(J) & "门学科的成绩: "
        Stud(I, J) = InputBox(S2, S1)
        Sum1 = Sum1 + Stud(I, J)
    Next J
    Aver1 = Sum1 / 6
    Print "第"; I; "名学生的平均成绩为: "; Aver1
Next I
For J = 1 To 6
    Sum2 = 0
    For I = 1 To 5
        Sum2 = Sum2 + Stud(I, J)
    Next I
    Aver2 = Sum2 / 5
```

```
    Print "第"; J; "门学科的平均成绩为: "; Aver2
Next J
End Sub
```

说明：

此程序声明了一个二维数组 Stud，其第一维表示学生，第二维表示学科，在程序中使用了两个两层循环，第一个两层循环用来给数组赋值，并求每名学生 6 门学科的平均成绩；第二个两层循环求 5 名学生每门学科的平均成绩。

8.

```
Private Sub Form_Activate()
Dim S As Long
Dim I As Integer
S = 0
For I = 1 To 100
  S = S + I ^ 2
Next
Print "S="; S
End Sub
```

9.

方法一：

```
Private Sub Form_Activate()
Dim S As Single
Dim I As Integer
S = 100
For I = 1 To 4
    S = 100 * (1 + 0.05) ^ (5 * I)
    Print "S="; S; "万元"
Next
End Sub
```

说明：

此程序在计算变量 S 值时，因每次都须从100*(1+0.05)^1 开始算起，所以，当变量 I 的值较大时，计算量较大，速度较慢。

方法二：

```
Private Sub Form_Activate()
Dim S As Single
Dim I As Integer
S = 100
For I = 1 To 20
    S = S * (1 + 0.05)
    IF I Mod 5 = 0 Then Print "S="; S; "万元"
Next
End Sub
```

说明：

此程序在循环中增加了一条条件判断语句，当变量 I 模除 5 为 0，即变量 I 的值能被 5 整除时，显示变

量 S 的值。此程序在计算变量 S 的值时，不必每次都从 $100*(1+0.05)^1$ 开始计算，只需在原来变量 S 的基础上再乘以（$1+0.05$）即可，所以计算量较小，速度较快。

10.

```
Private Sub Form_Activate()
Dim Score As Single
Dim X1%, X2%, X3%, X4%, X5%
Dim I As Integer
X1 = 0: X2 = 0: X3 = 0: X4 = 0: X5 = 0
For I = 1 To 45
Score = InputBox("请输入成绩:")
Select Case Score
    Case Is >= 90
        X1 = X1 + 1
    Case Is >= 80
        X2 = X2 + 1
    Case Is >= 70
        X3 = X3 + 1
    Case Is >= 60
        X4 = X4 + 1
    Case Else
        X5 = X5 + 1
End Select
Next I
Print "90分以上：", X1; "人"
Print "80～90分：", X2; "人"
Print "70～80分：", X3; "人"
Print "60～70分：", X4; "人"
Print "60分以下：", X5; "人"
End Sub
```

11.

```
Private Sub Form_Activate()
Dim Sum As Integer, X As Integer
Dim I As Integer
For I = 1 To 20
    X = InputBox("请输入数据：")
    If X < 0 Then Print X: Sum = Sum + X
Next
Print "Sum="; Sum
End Sub
```

12.

```
Private Sub Form_Activate()
Dim S As Single
Dim I As Integer
S = 1
For I = 1 To 20
    S = S * I
Next
```

```
Print "20! ="; S
End Sub
```

说明：

此程序声明了一变量 S，用来表示乘积，所以为其赋初值 1。

13.

```
Private Sub Form_Activate()
Dim S As Integer
Dim I As Integer
S = 0: I = 0
Do
    I = I + 1
    S = S + I
Loop Until S > 1000
Print "S="; S, "I="; I
End Sub
```

14.

```
Private Sub Form_Activate()
Dim S As Single
Dim n As Integer
S = 0: n = 1
Do While 1 / (n ^ 2) > 0.00001
    S = S + 1 / (n ^ 2)
    N = N + 1
Loop
Print "S="; S, "n="; n - 1
End Sub
```

15.

```
Private Sub Form_Activate()
Dim A As Integer, B As Integer, C As Integer
Dim Y As Long
A = 6: B = 8: C = 5
Y = Exam(A) + Exam(B) + Exam(C)
Print Y
End Sub

Private Function Exam&(X%)
Dim I As Integer
Exam = 1
For I = 1 To X
    Exam = Exam * I
Next I
End Function
```

说明：

此程序中定义了一个 Function 函数过程，其功能是求自变量 X 的阶乘，在窗体的 Activate 事件过程中调

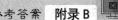

用此过程三次，分别求出 *A*!、*B*!和 *C*!的值，三个数值加起来就是所求结果。

16.

```
Private Sub Form_Activate()
Dim Sum As Single, I As Integer
Sum = 0
For I = 1 To 5
    Sum = Sum + Area(I)
Next I
Print "面积的和="; Sum
End Sub

Private Function Area(R)
area = 3.14 * R ^ 2
Print "半径="; R, "面积="; Area
End Function
```

练习八

一、填空题

1．标题栏、控制按钮、最小化按钮、最大化按钮、关闭按钮、边框、边角、窗体平面

2．属性、方法、事件

3．Form1

4．字母、40、标点符号、空格

5．标题栏

二、简答题

1．窗体属性的设置方法如下。

（1）在设计时，可以通过属性窗口设置窗体的属性。具体方法是：在该窗体上右击，在弹出的菜单中选择"属性窗口"选项或单击窗体并按下"F4"键来激活属性窗口，在属性窗口中可以设置窗体的属性。

（2）在程序运行时，可以由程序代码设置窗体的属性。

2．窗体的常用属性如下。

（1）名称（Name）属性：返回或设置在程序代码中用于标识窗体的名字，即在编写程序代码时用于称呼某个窗体的代号。该属性在运行时不可见。

（2）Appearance 属性：返回或设置窗体或窗体上的控件（如按钮等）的显示效果。

（3）AutoRedraw 属性：返回或设置对象的自动重绘是否有效。

（4）BackColor 属性：返回或设置对象的背景颜色。

（5）ForeColor 属性：返回或设置对象中显示的图片和文本的前景颜色。

（6）BorderStyle 属性：返回或设置对象的边框样式。

（7）Caption 属性：设置显示在窗体的标题栏中的文本。当窗体最小化时，该文本将被显示在 Windows 的任务条中相应窗体的图标上。

（8）ClipControls 属性：返回或设置一个值，指定 Paint 事件中的图形方法对整个窗体有影响，或者只对窗体中新显露出的区域有影响。

（9）ControlBox 属性：返回或设置一个值，指示在程序运行时窗体中是否显示控制菜单框。

（10）Enabled 属性：返回或设置窗体是否能够对键盘或鼠标产生的事件做出反应。

（11）Font 属性：返回一个 Font 对象。

（12）Height、Width 属性：返回或设置窗体的高度和宽度。

（13）Icon 属性：返回或设置程序运行时窗体处于最小化状态时显示的图标。在 Windows 中可以在窗体的左上角看到窗体的图标。

（14）Left 属性：返回或设置窗体内部的左边与它的容器的左边之间的距离。"容器"是指可以含有其他对象的对象。

（15）Top 属性：返回或设置窗体的内侧顶边和它的容器的顶边之间的距离。

（16）Moveable 属性：返回或设置窗体的位置是否可以被移动。

（17）MaxButton 属性：返回一个值，确定窗体的"最大化"按钮是否有效。

（18）MinButton 属性：返回一个值，确定窗体的"最小化"按钮是否有效。

（19）Picture 属性：返回或设置窗体中显示的图片。

（20）StartUpPosition 属性：返回或设置窗体首次出现时的显示位置。

（21）ScaleLeft 属性：返回或设置窗体的左边界的水平坐标。

（22）ScaleTop 属性：返回或设置窗体的上边界的垂直坐标。

（23）Visible 属性：返回或设置一个值，用于指明窗体是否可见。

（24）WindowState 属性：返回或设置一个数值，用来指定窗体的可视状态。

3．在设计时，可以通过在窗体的属性窗口中设置属性取值来定义窗体的外观。

下面举例说明：

（1）创建窗体：在进行程序设计时，建立一个工程文件时，Visual Basic 会自动创建一个默认名为 Form1 的窗体。窗体生成后的属性自动设置为默认值，此时可以通过设置窗体的属性来设计窗体的外观。

（2）设置窗体的标题：设置窗体的标题（Caption）属性取值为"窗体范例"。

（3）设置窗体首次出现时的显示位置：设置窗体的左边距（Left）属性和上边距（Top）属性取值分别为 4000 和 2500，使窗体基本上显示在屏幕的中心。也可以在"窗体布局"窗口中用鼠标拖动显示器图示中的窗体图示来改变窗体的相对位置，Visual Basic 会根据"窗体布局框"中的改动自动调整 Left 属性和 Top 属性的取值。

（4）设置窗体首次出现时的大小：设置窗体的高度（Height）和宽度（Width）属性取值分别为 7000 和 9300。或者在窗体上单击鼠标左键，在窗体边缘出现的选中标记（小黑点）上拖动鼠标，在适当位置松开鼠标左键，Height 和 Width 属性的取值均会随之自动做出调整。

（5）设置窗体为立体显示：设置窗体的立体显示（Appearance）属性的取值为 1。

（6）设置窗体的边框样式：设置窗体的边框样式（BorderStyle）属性的取值为 2（可调整的边框），即该窗体可以通过控制菜单框、标题栏、最大化按钮和最小化按钮来改变大小。

（7）设置窗体显示控制菜单框、最大化按钮和最小化按钮：设置窗体的控制按钮（ControlBox）属性的取值为 True。

（8）设置窗体的最大化按钮和最小化按钮有效：设置窗体的最大化按钮（MaxButton）属性和最小化按钮（MinButton）属性的取值为 True。

（9）设置窗体的背景图案：单击窗体的属性窗口中的 Picture 属性右边的按钮弹出"加载图片"对话框，在该对话框中选择"C:\WINDOWS\CLOUDS.BMP"文件作为该窗体的背景图案。

至此窗体的外观设置完成。

4．单击要编写事件过程的窗体，在"视图"菜单中选择"代码窗口"选项，或在"工程资源管理器"窗口中单击左上角的"查看代码"按钮，可以调出该窗体的代码窗口。在该窗口中可以编写窗体的事件过程代码。

5. 窗体的几种常见事件如下。

（1）Click 事件：当单击窗体的空白区域或单击窗体上的一个无效控件时，Click 事件被触发。

（2）DblClick 事件：当双击窗体的空白区域或双击窗体上的一个无效控件时，DblClick 事件被触发。

（3）Initialize 事件：当应用程序创建一个窗体时，将触发 Initialize 事件。

（4）Load 事件：当窗体被装载时 Load 事件被触发。当通过 Load 语句启动应用程序，或调用未装载的窗体属性时，也会触发 Load 事件。

（5）QueryUnload 事件：当窗体将要关闭时，QueryUnload 事件被触发。

（6）Unload 事件：当窗体从屏幕上删除时，Unload 事件被触发。

（7）MouseMove 事件：当鼠标移动时，MouseMove 事件被触发。

（8）MouseDown 和 MouseUp 事件：当按下鼠标时，MouseDown 事件被触发；当松开鼠标时，MouseUp 事件被触发。

（9）Activate 和 Deactivate 事件：当窗体成为活动窗口时触发 Activate 事件；当窗体变为非活动窗口时触发 Deactivate 事件。

（10）GotFocus 事件：当窗体获得焦点时，GotFocus 事件将被触发。

（11）LostFocus 事件：当窗体失去焦点时，LostFocus 事件将被触发。

（12）Paint 事件：当窗体被放大或移动以后，或当一个原本遮盖该窗体的窗体被移开并使该窗体部分或完全显露时，Paint 事件被触发。

（13）Resize 事件：当窗体第一次显示或当窗体的状态发生改变时，Resize 事件被触发。

6.

（1）窗体的加载：要想加载窗体，可以在代码中使用 Load 语句。Load 语句具有将窗体加载到内存中的功能。

（2）窗体的显示：在代码中使用 Show 方法，可以进行窗体的显示。使用 Show 方法有自动装载窗体的功能。

（3）窗体的隐藏：可以通过在代码中使用 Hide 方法来隐藏窗体。使用 Hide 方法只能隐藏窗体，不能将窗体卸载。如果调用 Hide 方法时该窗体还没有加载，那么 Hide 方法会自动加载该窗体但并不予以显示。

（4）窗体的卸载：要想卸载窗体，可以在代码中使用 UnLoad 语句。Unload 语句具有从内存中卸载窗体的功能。

7. 要为应用程序添加一个新的窗体，应该进行以下操作。

（1）在"文件"菜单中选择"新建工程"选项创建一个工程，或选择"打开工程"选项打开一个已有的工程。

（2）在"工程"菜单中选择"添加窗体"选项，此时屏幕上显示"添加窗体"对话框。

（3）在"新建"菜单中选择要添加的窗体的类型，或者在"现存"中选择一个已经存在的窗体文件。

（4）单击"打开"按钮。

8.（1）通过菜单设定启动窗体，应该进行以下操作。

① 在"工程"菜单中，选择最后一个选项"工程属性"。

② 在弹出的"工程属性"对话框中单击"通用"按钮。

③ 在"启动对象"下拉列表框中，选取一个窗体作为启动窗体。

④ 单击"确定"按钮。

（2）动态设置启动窗体

有时候需要应用程序在开始运行时不固定地显示某个窗体，而是根据情况动态地显示窗体。在标准模块中建立一个名为"Main"的子过程，可以动态地显示窗体。而且 Main 过程必须是一个子过程，并且不能在窗体模块中。如果要将 Main 子过程设定为应用程序的启动对象，应该进行以下操作。

① 在"工程"菜单中，选择最后一个选项"工程属性"。

② 在弹出的"工程属性"对话框中单击"通用"按钮。

③ 在"启动对象"下拉列表框中，选择 Sub Main 选项。

④ 单击"确定"按钮。

9．Microsoft Word 应用程序是一个多文档界面。在该应用程序中，可以同时打开多个文档，每个打开的文档都显示在各自的窗口中。在多文档界面的应用程序中一般都含有一个"Windows"（中文软件中称为"窗口"）的菜单选项，在该菜单中显示出已经打开的各文档的名称，单击文档名称可以在各文档及其显示窗口之间进行切换，带有对钩标记的文档为当前文档（当前文档具有焦点）。

练习九

一、填空题

1．Enabled、Visible、Enabled、Visible、True

2．Tab、控件的建立

二、简答题

1．Visual Basic的控件可分为内部控件、ActiveX控件和可插入对象三种类型。

（1）内部控件

内部控件是由 Visual Basic 提供的控件，包含在 Visual Basic 的扩展名为".exe"的文件中。内部控件始终显示在工具箱中，不能从工具箱中删除。

（2）ActiveX控件

ActiveX 控件是一些扩展名为".ocx"的独立文件。这些控件中有的属于标准 ActiveX 控件，如通用对话框（CommonDialog）控件、数据绑定组合框（DBCombo）控件、数据绑定列表框（DBList）控件和数据绑定网络（DBGrid）控件等，它们包含在 Visual Basic 的学习版、专业版和企业版三个版本中，其他 ActiveX 控件仅在专业版和企业版中提供（如 Listview、Toolbar、Animation 等），或者由第三方提供。

（3）可插入对象

可插入对象是一些能够添加到工具箱中并可以作为控件使用的对象，这些对象实际上是由其他应用程序创建的不同格式的数据，如 BMP 图片、Microsoft Powerpoint 幻灯片等都是可插入对象。

使用可插入对象，就可以用 Visual Basic 中编程来控制其他应用程序的对象了。

2．在设计时，要使用某个控件，有两种方法：一是双击工具箱中对应的控件图标，窗体中出现相应的控件，拖动控件可以移动其位置，拖动控件的边角可以改变其大小；二是单击工具箱中对应的图标，窗体中的鼠标指针变成十字形，在窗体中拖动鼠标，当产生的虚线框大小合适后松开鼠标左键，相应控件出现在窗体中，拖动控件可以移动其位置，拖动控件的边角可以改变其大小。

3．为控件命名的原则：用前缀描述控件所属的类，其后为控件的描述性名字。

另外，控件名必须以字母开头，只能包含字母、数字和下画线字符(_)，不允许有标点符号字符和空格，其长度不能超过 40 个字符。

4．将焦点赋给某一对象有以下两种方法。

（1）运行时选择某一对象。

（2）在代码中调用SetFocus方法。

框架（Frame）控件、标签（Label）控件、菜单（Menu）控件、线形（Line）控件、形状（Shape）控件、图像（Image）控件和定时器（Timer）控件都不能接收焦点。

5．（1）在设计时创建控件数组

在设计时可以通过以下三种方法来创建控件数组。

① 通过将同一名字赋给多个相同类型的控件来创建控件数组。

第一步，绘制多个相同类型的控件。

第二步，确定将作为第一个数组元素的控件，并设置其名字（Name）属性值。

第三步，将其他控件的名字（Name）属性值设置为第一个元素的名字（Name）属性值。

第四步，当系统弹出提示是否创建控件数组的对话框时，单击"是（Y）"按钮，创建控件数组。

② 通过复制现有控件的方法来创建控件数组。

第一步，绘制控件数组中的第一个控件。

第二步，当控件获得焦点时，在"编辑（E）"菜单中选择"复制（C）"选项，复制该控件。

第三步，在"编辑（E）"菜单中选择"粘贴（P）"选项。

第四步，当系统弹出"是否确认创建控件数组"对话框时，单击"确定"按钮，确认创建控件数组。

③ 将控件的Index属性设为非"Null"的数值，系统将自动创建一个控件数组。

（2）在运行时创建控件数组

在运行时，可以通过Load语气和Unload语句添加和删除控件数组中的控件，然而，添加的新控件必须是现有控件数组的元素。因此，大多数情况下，必须在设计时创建一个Index属性值为0的控件。

向控件数组中添加新的控件时，大多数属性设置值都与数组中具有最小下标的现有元素相同，但其Visible、Index 和 TabIndex 属性设置值并没有被复制到控件数组的新元素中，因此，必须将其 Visible 属性值设为"True"，新添加的控件才能显示在窗体中。

6．（1）命令按钮（CommandButton）：在 Windows 程序中一般都设有一些命令按钮，单击命令按钮，系统将执行相应的程序，完成一定的任务。

（2）标签（Label）：主要用来在运行时显示一些文本信息，或用来标注窗体中本身不具有 Caption 属性的对象。

（3）文本框（TextBox）：主要用来在运行时显示文本或接受程序使用人员输入的文本，是用于输入和输出信息的最主要方法。

（4）滚动条（ScrollBar）：主要用来滚动显示在屏幕上的内容。滚动条控件通常与某些不支持滚动的控件或应用程序联合使用，以根据需要对内容进行滚动。

（5）定时器（Timer）：一种可按一定时间间隔触发指定事件的控件，主要用来检查系统时钟，以确定是否执行某项操作。

（6）数据（Data）控件：主要用来连接现有数据库，并将数据库中的信息显示在窗体中。

（7）OLE 容器控件：OLE 容器控件主要用来在 Visual Basic 应用程序中显示并操作其他基于 Windows 的应用程序中的数据。

（8）图片框（PictureBox）：图片框（PictureBox）控件主要用来显示图片，还可以作为其他控件的容器。

（9）图像（Image）：主要用来显示图像。

（10）形状（Shape）：主要用于在窗体、框架或图片框中绘制预定义的几何图形，如矩形、正方形、椭圆形、圆形、圆角矩形、圆角正方形等。

（11）线形（Line）控件：主要用来在窗体、框架或者图片框的表面绘制简单的线段。

（12）复选框（CheckBox）：用来表示 Yes/No 或 True/False 等状态。用鼠标单击复选框，可在不同状态间进行切换，且被单击的复选框将显示选定标记。

利用分组的复选框控件可以显示多个选项，这样可以从中选择一个或多个选项。

（13）框架（Frame）：主要用来为其他控件提供可标识的分组。同一框架中的控件可以作为一个整体进行激活或屏蔽。

利用框架控件，可以在功能上进一步分割一个窗体。

（14）选项按钮（OptionButton）：用来显示选项，通常以按钮组的形式出现。

（15）列表框（ListBox）：用来以项目列表形式显示一系列项目，可以从中选择一项或多项。

（16）组合框（ComboBox）：将文本框控件和列表框控件的特性结合在一起，既可以在控件的文本框中输入文本，也可以从控件的列表框中选择列表项。

（17）其他选择类控件：Visual Basic 还提供了三个选择类控件，即驱动器列表框（DriveListBox）控件、目录列表框（DirListBox）控件和文件列表框（FileListBox）控件，以增加应用程序中的文件处理能力。通常，这些控件联合使用，用来查看驱动器、目录和文件清单。

7．略。

 练习十

一、填空题

1．模态、非模态、模态

2．"确定""取消""中止（A）""重试（R）""忽略（I）""是（Y）""否（N）"

3．ShowOpen、ShowSave、ShowPrinter、ShowFont、ShowColor、ShowHelp

4．菜单栏、滚动条、最小化、最大化、状态条、尺寸可变的边框

二、简答题

1．对话框可分为模态对话框和非模态对话框两种类型。

模态对话框比较常用，显示重要信息的对话框一般都是模态对话框。模态对话框要求在继续执行应用程序的其他操作之前，必须先被关闭（隐藏或卸载），或对它的提示做出响应。通常，如果一个对话框在可以切换到其他窗体或对话框之前要求先单击"确定"或"取消"按钮，那么它就是模态对话框。例如，在 Visual Basic 中的"文件另存为"对话框就是模态对话框。

非模态对话框允许在关闭对话框之前对应用程序的其他部分做出响应或操作，即当对话框正在显示时，可以继续操作当前应用程序的其他部分。非模态对话框一般很少使用，只是用来显示频繁使用的命令与信息。例如，在 Visual Basic 中的"帮助主题"对话框就是非模态对话框。

2．要在工具箱中加入通用对话框控件，可以从"工程"（Project）菜单中选择"部件"（Components）选项，此时，将弹出一个用来选择安装组件的窗口。在"部件"窗口的"控件"（Controls）组中选中"Microsoft Common Dialog Controls 5.0"选项，然后单击"确定"按钮，通用对话框控件将被加入工具箱中。

3．（1）设置对话框的标题：通过设置相应窗体的 Caption 属性，可以设置对话框的标题。标题的设置可以通过"属性"窗口来完成，也可以通过程序代码来完成。

（2）设置对话框的属性：窗体中可变尺寸的边框类型、"控制"菜单框、"最大化"及"最小化"按钮，在大多数对话框中都不是必需操作的。在窗体创建完毕后，需要通过设置相应的属性，去掉不需要的按钮。

（3）添加和放置命令按钮：在对话框中添加"确定""取消"或者"退出"等命令按钮，并在相应的 Click 事件中添加程序代码。其中"确定"按钮表示根据需要执行相应的操作，而"取消"按钮则表示关闭该对话框而不执行任何操作。

（4）设置默认按钮、取消按钮和焦点：命令按钮控件提供了 Default、Cancel、TabIndex 和 TabStop 属性。

① 设置默认按钮：将相应按钮的 Default 属性设置为"True"。

② 设置取消按钮：将相应按钮的 Cancel 属性设置为"True"。取消按钮也可以同时被设置为默认按钮。

③ 设置焦点：将相应按钮的 TabIndex 属性设置为"0"，并将其 TabStop 属性设置为"True"。或者用 SetFocus 方法在显示对话框时将焦点指定给特定的控件。

（5）使对话框上的控件无效：有时候需要使对话框中的某些控件无效，因为它们的动作与当前的操作相矛盾。要使对话框中的某个控件无效，需要将相应控件的 Enabled 属性设置为"False"。

练习十一

一、填空题

1. 菜单栏、菜单标题、菜单选项、子菜单标题、子菜单选项、访问键、快捷键、分隔条

2. Click

3. 菜单编辑器、属性

4. 菜单标题、代码窗口

5. 省略

6. mnuFileSave

7. 右键、快捷菜单

8. PopupMenu

二、简答题

1. 菜单栏位于窗体的标题栏下面，包含一个或多个菜单标题。用键盘或鼠标选中一个菜单标题，将显示菜单选项列表（子菜单）。菜单选项既可以是菜单命令，也可以是子菜单标题。如果选择的菜单选项是菜单命令，则计算机将执行该菜单项所对应的功能；如果选择的菜单选项是子菜单标题，则调出下一级菜单选项列表（下一级子菜单）。

当一个菜单选项右侧带有一个省略号标记时，表示选中该菜单项可以调出一个对话框。

两个菜单项之间的横线，称为分隔条。合理地使用分隔条可以将菜单项按照功能进行逻辑上的划分成组。

菜单项如果有一个带下画线的字母，该字母表示此菜单项的访问键。如果在菜单栏中的菜单标题定义了访问键，按下"Alt"键和带有下画线的字母就可以调出该菜单标题对应的下级菜单选项列表，此时，如果调出的下级菜单中某一菜单项定义了访问键，则按下带下画线的字母（不要按"Alt"键）即可调用该菜单项。菜单中的菜单项右侧如果有一个组合键，该组合键表示此菜单项的快捷键。直接按下快捷键即可调用相应菜单选项所对应的功能。

2. 首先单击一个窗体作为菜单的载体，然后选择"工具"菜单的"菜单编辑器"选项或者单击工具栏上的"菜单编辑器"按钮，可以调出菜单编辑器对话框。

3.（1）"标题"文本框：可以输入菜单标题名或菜单选项名。通过"标题"文本框可以设置菜单的"Caption"属性。

（2）"名称"文本框：可以为菜单标题或菜单项输入控件名。通过"名称"文本框可以设置菜单的"名称"属性。

（3）"索引"文本框：可以输入一个数字来确定菜单标题或菜单选项在菜单控件数组中的位置或次序，该位置与菜单的屏幕位置无关。"索引"文本框的内容决定了菜单的"Index"属性的取值。

（4）"帮助上下文 ID"文本框：可以输入一个数字用来在"HelpFile"属性指定的帮助文件中查找相应的帮助主题。通过"帮助上下文 ID"文本框可以设置菜单的"HelpContext ID"属性取值。

（5）"快捷键"列表框：单击列表框右侧的下拉箭头，可以在弹出的下拉列表中为菜单项选定快捷键。通过"快捷键"列表框可以设置菜单的"Shortcut"属性取值。

（6）"协调位置"列表框：单击列表框右侧的下拉箭头，可以在弹出的下拉列表中为菜单的"NegotiatePosition"属性选定取值，"NegotiatePosition"属性决定是否及如何在窗体中显示菜单。

（7）"复选"复选框：可以设置菜单是否带有复选标记。通过"复选"复选框可以设置菜单的"Checked"属性。

（8）"有效"复选框：可以设置菜单项是否有效。通过"有效"复选框可以设置菜单的"Enabled"属性。

（9）"可视"复选框：可以设置菜单是否显示在屏幕上。通过"可视"复选框可以设置菜单的"Visible"属性。

（10）"显示窗口列表"复选框：设置在多文档应用程序的菜单中是否包含一个已打开的各个文档的列表。通过"显示窗口列表"复选框可以设置菜单的"Windowlist"属性。

（11）"菜单列表"列表框：该列表框位于菜单编辑器对话框的下部，用于显示各菜单标题和菜单选项的分级列表。菜单标题和菜单选项的缩进指明各菜单标题和菜单选项的分级位置或等级。

（12）"右箭头"按钮：每次单击该按钮都把菜单列表中选定的菜单标题或菜单选项向右移一个子菜单等级，即成为下一级菜单。

（13）"左箭头"按钮：每次单击该按钮都把菜单列表中选定的菜单标题或菜单选项向左移一个子菜单等级，即成为上一级菜单。

（14）"上箭头"按钮：每次单击该按钮都把菜单列表中选定的菜单标题或菜单选项在同级菜单内向上移动一个显示位置。

（15）"下箭头"按钮：每次单击该按钮都把菜单列表中选定的菜单标题或菜单选项在同级菜单内向下移动一个显示位置。

（16）"下一个"按钮：将菜单列表中的选定标记移动到下一行，即选定下一个菜单标题或菜单选项以便进行设定。在某个菜单标题或菜单选项上单击可以直接选定菜单标题或菜单选项。

（17）"插入"按钮：在菜单列表中的当前选定行上方插入一行。

（18）"删除"按钮：删除菜单列表中当前选定的一行。

（19）"确定"按钮：保存通过菜单编辑器进行的各种设置，并退出菜单编辑器对话框。

（20）"取消"按钮：放弃通过菜单编辑器进行的各种设置，并退出菜单编辑器对话框。

4．在菜单编辑器对话框的"标题"文本框中输入菜单标题名或菜单选项名时，在一个字母前插入"&"符号可以将该字母定义为该菜单标题或菜单项的访问键。

5．在菜单编辑器对话框中单击"快捷键"列表框右侧的下拉箭头，可以在弹出的下拉列表中为菜单项选定快捷键。通过在菜单的属性窗口中选择"Shortcut"属性的取值也可以定义菜单的快捷键。

当选择"None"时，表示没有快捷键。

6．每次单击菜单编辑器中的"右箭头"按钮，都把菜单列表中选定的菜单标题或菜单选项向右移一个子菜单等级，即成为下一级菜单。

7．如果想在菜单中建立分隔条，则应在"标题"文本框中输入一个连字符"-"，即一个减号。

8. 菜单实质上是控件。菜单控件数组就是由多个菜单控件组成的控件数组，同一个菜单控件数组中的各个菜单控件必须属于同一个菜单，它们的"名称"属性相同，都使用该菜单控件数组的数组名作为各自的"名称"属性值，它们共同使用相同的事件过程。

9. （1）选取要定义菜单的窗体。

（2）从 Visual Basic 的"工具"菜单中选择"菜单编辑器"选项，或者在 Visual Basic 的工具栏上单击"菜单编辑器"按钮，此时菜单编辑器对话框显示在屏幕上。

（3）通过菜单编辑器对话框的"标题"文本框和"名称"文本框创建要作为菜单控件数组的第一个元素的菜单控件，也可以在菜单控件列表框中选择一个已经存在的菜单控件作为菜单控件数组的第一个元素。

（4）将菜单控件数组中的第一个菜单控件元素的"索引"文本框的取值设置为 0。

（5）在同一缩进级上创建一个菜单控件作为菜单控件数组的第二个元素，也可以在菜单控件列表框中选择一个已经存在的菜单控件作为菜单控件数组的第二个元素。

（6）将菜单控件数组中的第二个菜单控件元素的"索引"文本框的取值设置为 1，并注意第二个菜单控件元素的"名称"文本框的内容要与第一个元素的"名称"文本框内容完全相同。

（7）重复第（5）步和第（6）步可以定义菜单控件数组的后继元素。

10. 弹出式菜单是显示在窗体上的浮动菜单，其显示位置不受菜单栏的约束，可以自由定义。在 Microsoft Windows 和大部分 Windows 的应用程序中，可以通过右击来调出弹出式菜单。弹出式菜单中所显示的菜单项由按下鼠标右键时鼠标指针所处的位置决定，一般是与该位置相关的各种常用功能。弹出式菜单又可以称为快捷菜单。

11. 略。

练习十二

一、填空题

1. 控制栏、多个工具按钮

2. ToolBar 控件、图片框、图像、命令按钮、图片框控件、图像控件、命令按钮

二、简答题

1.（1）在窗体上添加一个图片框。

单击工具箱中的 PictureBox 控件，将其添加到窗体中，并设置其大小，使其与窗体的工作空间宽度相当。

（2）在图片框中放置要在工具条上显示的控件，创建工具按钮。

通常用 CommandButton 或 Image 控件来创建工具条按钮。

首先单击工具箱中的控件按钮，并在图片框中添加控件。然后设置控件的属性。

（3）编写代码。

工具条可以提供对命令的快捷访问，通常通过每个按钮的单击（Click）事件来调用相应的过程。

2.（1）在窗体中加入工具条控件。

（2）在工具条中加入按钮。

（3）为按钮载入图像并设置相关属性。

3. 要在工具箱中加入工具条控件，可以选择"工程"（Project）菜单中的"部件"（Components）选项，此时会弹出一个用来选择安装组件的窗口。在"部件"（Components）窗口的"控件"（Controls）组中选择"Microsoft Windows Common Controls 5.0"选项，然后单击"确定"按钮，工具条控件和另外一些控件将被加入工具箱中。

4．（1）在工具条所在的窗体中加入 ImageList 控件。

（2）在 ImageList 中加入图像。

（3）建立工具条和 ImageList 的关联关系。

（4）从 ImageList 的图像库中选择图像载入工具条选项。

练习十三

一、填空题

1．记录在外部介质上、程序、数据、文件系统

2．顺序文件、随机文件、二进制文件

3．Output、Append、Write #、Print #

4．该文件已经包含或将要包含

5．二进制

6．有固定长度、长度可变、用来表示二进制文件中记录位置的

7．这个文件打开前的大小、LOF

二、简答题

1．（1）顺序文件

顺序文件即普通的文本文件，任何文本编辑器都可以读写这种文件。在普通的文本文件中，数据被存储为 ANSI 字符，每个字符都被假设为代表一个文本字符或者一个序列文本格式。

顺序文件的格式比较简单，所占磁盘空间比较少，存储方式比较单一，它采用顺序的方式存储数据，即数据一个接一个地按序排列，且只提供第一个记录存储的位置。读写顺序文件时，每次只能按次序读写一行，且每行的长度是不固定的。只有当文件中的内容不需要经常修改时，才采用顺序文件来存储数据。

另外，当要处理的文件只包含连续的文本，并且其中的数据没有被分成记录时，最好使用顺序文件。顺序文件不适合存储包含很多数字的数据。顺序文件也不适合存储诸如位图这类的信息。

（2）随机文件

随机文件是由具有相同长度的记录集合组成的。程序使用人员可以根据需要来创建记录，记录的每个字段都可以由各种各样不同类型的数据组成。在这类文件中，数据是作为二进制信息存储的。

随机文件的读写顺序是任意的，可以随意地读写某一条记录。只通过记录号就可以定位记录位置。随机文件的读写速度非常快，打开文件后，可以同时进行读操作和写操作。顺序文件具有空间利用率低的缺点。

随机文件一般适用于读写记录结构长度固定的文本文件或者二进制文件。

（3）二进制文件

二进制文件是二进制数据的集合，它存放的是字节信息，适于存储任意结构的数据。

从二进制文件中能够查看到指定字节的内容，它是唯一支持读写位置任意及读写数据的长度任意的文件类型。二进制文件可以对文件完全控制。它具有存储密度大，空间利用率高等优点。

二进制文件必须精确地知道数据写入文件的方式，以便正确地对它进行检索。

2．（1）顺序文件

当文件中的内容不需要经常修改时，采用顺序文件来存储数据。

当要处理的文件只包含连续的文本，并且其中的数据没有被分成记录时，最好使用顺序文件。

（2）随机文件

随机文件一般适于读写记录结构长度固定的文本文件或者二进制文件。

（3）二进制文件

二进制文件适于存储任意结构的数据。

3．文件操作大致都遵循以下步骤。

（1）用 Open 语句将文件打开。

（2）根据需要，把文件中的部分或全部数据读到变量中去。

（3）对变量中的数据进行处理。

（4）将经过处理后的变量中的数据重新保存到文件中。

（5）以上操作完成后，用 Close 语句将文件关闭。

4．略。

练习十四

一、填空题

1．EndDoc

2．PrintForm、Printer、Print、图形

3．NewPage、新页的左上角

4．KillDoc

二、简答题

1．在应用程序中进行打印时，影响打印结果的因素主要涉及以下三个方面。

（1）应用程序中处理打印过程的程序代码。

（2）系统中安装的打印机驱动程序。

（3）系统可用的打印机功能。

应用程序中的代码决定应用程序打印输出的类型和质量，但系统的打印机驱动程序和使用的打印机也会影响打印质量。

2．在 Visual Basic 中，提供了三种常用的打印方法。

（1）先将应用程序中要打印输出的数据显示在窗体中，然后通过 PrintForm 方法将窗体打印出来。

PrintForm 方法是在应用程序中打印数据最简便的方法。它可以根据用户显示器的分辨率将信息传送给打印机（最多每英寸打印 96 点）。因此，即使打印机有更高的分辨率，打印效果也不会更好（例如，激光打印机每英寸能打印 300 点，但通过 PrintForm 方法，只能打印 96 点）。这样势必会影响打印效果。

（2）首先调整设置打印机集合中的默认打印机，然后通过该打印机将数据打印出来。

打印机集合是一个对象，它包括 Windows 操作系统中所有可用的打印机。打印机列表与 Windows "控制面板"中的有关内容相对应，并且每台打印机都有唯一的索引定义。索引编号从 0 开始，通过索引编号可以引用任何一台打印机。

根据需要，可以通过 Set Printer 语句，把打印机集合中的任意一台打印机设置为默认打印机。

（3）先将数据传送给 Printer 对象，再用 NewPage 方法和 EndDoc 方法将其打印出来。

通过 Printer 对象可以实现与系统默认的打印机之间的通信。Printer 对象是一个与设备无关的图片空间，Windows 在这个 Printer 对象设备无关的图片空间中，将要输出的数据与打印机的分辨率和功能进行了最佳的匹配。所以无论使用哪种打印机，Printer 对象都将提供最好的打印质量。

使用 Printer 对象的主要缺点是，要取得最佳效果，所需要的代码量较大。在 Printer 对象中打印位图所要花费的时间较长，因此会降低应用程序的效率。

3．在使用 Printer 对象打印窗体之前需要在 Printer 对象中重建窗体，通常需要重建下列内容。

（1）窗体的轮廓，包括标题和菜单栏。

（2）控件和它们的内容，包括文本和图形。

（3）直接应用于窗体的图形输出方法，包括 Print 方法。

4．略。

练习十五

一、填空题

1．二维表

2．信息表、多个数据库表

3．字符、数值、货币、序列、日期

4． Data 控件、数据访问对象

5．动态构造 SQL 语句、设计数据窗体、查询、修改

6．数据库表的名称、数据库中的数据库表

7．datasource、datafield

8．文本框（TextBox）、标签（Label）、列表框（ComboBox）、列表框（ListBox）、图像框（Image）、复选框（CheckBox）

9．用户界面、数据库引擎、物理数据库

10．结构化查询语言

二、简答题

1．第一步：打开数据库。

第二步：选择"实用程序""数据窗体设计器(F)……"选项。

第三步：输入要生成窗体的名称。

第四步：单击"生成窗体"按钮，生成窗体。

2．第一步：把 Data 控件添加到窗体中。

第二步：设置其属性以指明所要从哪个数据库和哪个表中获取信息。

第三步：添加各种绑定控件（如各种文本框、列表框和"绑定"到 Data 控件的其他控件）。

第四步：设置绑定控件的属性以指明要显示的数据源和数据字段。

3．访问不同的数据库 Data 控件的 connect 属性要根据数据库的不同而设置成不同的值。访问 Microsoft SQL Server、Oracle、Informix 等数据库需要通过 ODBC（访问和操作远程开放式数据库的方法）进行操作，而 Microsoft Access、Microsoft FoxPro、paradox 等数据库属于本地数据库不需要通过 ODBC 来访问。

4.（1）将 ADO Data 控件添加到窗体中。

（2）在窗体中选定 ADO Data 控件。

（3）在"属性"窗口中，单击"ConnectionString"，显示"属性页"对话框。

（4）在"属性"窗口中，将"记录源"属性设置为一个 SQL 语句。

（5）在窗体上添加用于显示数据库信息的数据绑定控件，并将其"数据源"属性设为 ADO Data 控件的名称，这样就可以将数据绑定控件和 ADO Data 控件绑定在一起。

（6）在数据绑定控件"属性"窗口中的"数据字段"属性的下拉列表中，单击所要显示的字段的名称。

（7）对希望访问的其他每个字段重复步骤（4）～步骤（6）。

（8）运行该应用程序。可以通过 ADO Data 控件的四个箭头按钮访问数据库。

5.（1）在表中增加记录的步骤：

① 打开数据库和表。

② 调用 AddNew 方法，其格式为：对象名.AddNew。

③ 给表中各字段赋值，其格式为：数据控件名.Recordset.Fields（"字段名"）=值或数据控件名.Recordset!Fields（"字段名"）=值。

④ 调用 Update 方法确认所做的增加或修改，其格式为：对象名. Update。

（2）编辑表中的记录的步骤：

① 定位需要编辑的记录，使其成为当前记录。

② 调用 Edit 方法，其格式为：对象名.Edit。

③ 为各字段赋值。

④ 调用 Update 方法确认所做的修改。

（3）删除表中的记录的步骤：

① 定位需要编辑的记录，使其成为当前记录。

② 调用方法，其格式为：对象名. Delete。

③ 移动记录指针。

练习十六

一、填空题

1. Title、Page Header、Details、Page Footer、Summary、Details

2. 数据库字段、文本字段、公式字段、特殊字段、数据库、文本、公式

3. "插入"（Insert）、"文本字段"（Text Field … ）

4. 查看选中字段的数据内容

5. Round()、Abs()、Sum()、Maximum()

二、简答题

1. Crystal Reports 报表设计器主要完成设计报表样式的功能。通过 Crystal Reports 报表设计器，可以根据自己的需要以数据库或查询为基础，设计各种报表样式，为 Crystal Reports 控件调用报表样式打下基础。

2. 第一步：选择数据库文件或通过 SQL/ODBC 选择远程的数据库。

第二步：显示数据库表之间的链接关系。

第三步：从数据库表中选择需要建立报表文件的字段。

第四步：选择排序和分组的字段。

第五步：选择汇总的方式。

第六步：选择增加一个过滤条件。在生成报表时从数据库中选择符合条件的记录。

第七步：选择报表的风格。

在以上七步中，不是每一步都是必需的，第三步完成后就可以直接生成报表文件了。因为从第四步到第七步是对报表进行排序、汇总、增加过滤条件等操作，而有些报表不需要进行这些操作。

3．只要设置以下几个属性即可。

（1）ReportFileName：用 Crystal Report 报表设计器设计的报表文件名。

（2）Destination：报表文件的输出设备。打印机为 Destination=1。

（3）Action: Action =1 时开始向 Destination 属性指定的输出设备打印。